Susanna Simon
Christina Bleßmann

GO. FIND.

Folge der Freude

MANTRAILING

Das Ausbildungsbuch

Müller Rüschlikon

Einbandgestaltung: R2 I Ravenstein, Verden
Titelfoto: **Heiko Junge**
Bildnachweis:
Nadine Böttcher: S. 142; **Heiko Junge:** S. 6, 10, 12, 15, 16, 17, 18, 21, 25, 26, 28, 29, 31, 33, 35, 37, 38, 40, 47, 48, 50, 64, 84, 86, 88, 89, 90, 91, 94, 95 oben, 97, 98, 102, 103, 105, 109, 117 oben, 118, 122, 123, 125, 133, 134, 144, 148, 160, 180, 190; **Stina Koch:** S. 22, 42, 72, 93, 96, 99, 101, 115; **Tomasz Pankowski:** S. 59, 63, 71, 78, 95 unten, 120, 128, 129, 137, 150, 177, 187; **Janne Stoick:** S. S. 117 unten, 127
Die Skizzen stammen von **Janne Stoick**. Die Zeichnungen wurden von **Heiko Stichmann** erstellt.

Eine frühere Ausgabe dieses Buchs ist mit der ISBN 978-3-275-02243-4 erschienen.

ISBN 978-3-275-02374-5

Postfach 103743, 70032 Stuttgart
Ein Unternehmen der Paul Pietsch Verlage GmbH & Co. KG
1. Auflage 2026
Sie finden uns im Internet unter www.mueller-rueschlikon-verlag.de

Gesamtleitung: Claudia König
Lektorat: Sigrun Zühlke
Innengestaltung: R2 I Ravenstein, Verden
Druck und Bindung: Graspo CZ, 76302 Zlin
Printed in Czech Republic

Inhalt

Hinweis: Auch wenn wir von der Richtigkeit und Wichtigkeit des Genderns zunehmend überzeugt sind, verzichten wir zu Gunsten einer besseren Lesbarkeit auf die gleichzeitige Verwendung der Sprachformen männlich, weiblich und divers (m/w/d) und verwenden bei Personenbezeichnungen & personenbezogenen Wörtern die männliche Form. Diese Begriffe schließen selbstverständlich alle Geschlechter mit ein!

Dieses Buch ist Archie gewidmet.

Mit Archie lernte Susanna das Mantrailing, mit ihm begann alles, was wir über Mantrailing wissen und an euch weitergeben können. Archie war ein außergewöhnlicher Hund. Deshalb ist es uns ein Anliegen, ihm dieses erste Buch zu widmen. So lebt er in uns allen ein wenig weiter und trägt Gutes in die Welt.

»Da wo er war,
war es immer ein bisschen heller.«

Veröffentlicht auf Facebook am 16. November 2018.

+++ Tschüss Archie +++

Vor knapp zwei Wochen ist ein außergewöhnlicher Kollege gestorben. Archie war zwar kein »regulärer« Diensthund, wurde aber oft angefordert und hat als Mantrailer herausragende Leistungen bei seinen Einsätzen für uns geleistet. Wir wünschen seinem Frauchen Kraft und bedanken uns, dass wir ihre Mail hier veröffentlichen dürfen.

»Archie wurde am 01.08.2005 geboren und begann im Herbst 2007 für die Kieler Kripo Einsätze zu laufen. Im Schnitt hatte er pro Jahr 60-70 Einsätze, bis er im Jahr 2015 bei dem Doppelmord in Haale letztmalig richtig eingesetzt wurde. Dort hat er uns zu der Werkstatt geführt, die der Täter betrieb.

Danach durfte er in den wohlverdienten Ruhestand gehen und hat in seinem Sohn Stoever einen wunderbaren Nachfolger gefunden.

Archie war für mich unglaublich besonders: Er hat nie aufgegeben, war so fleißig und ehrlich und wäre kräftemäßig so manches Mal über seine Grenze gegangen, hätten wir ihn nicht davor geschützt. Er hat alles für mich gegeben und war der souveränste und coolste Teampartner, den ich mir vorstellen kann. War ich nervös, weil ich die Ausgangsbedingungen schwierig fand, war Archie der Fels in der Brandung, den nichts erschüttern konnte und der absolutes Vertrauen in uns hatte. Da er so stabil war und genau wusste, wie man einen Trail arbeitet, durften auch manche Hundeführer von und mit ihm lernen, indem Archie mit ihnen getrailt ist. Auch diesen Job hat er mit größter Zuverlässigkeit und Motivation erledigt.

Einsätze hatte er so viele, dass es mir schwerfällt, einen besonders herauszustellen. Im Bereich Bandenkriminalität und überörtliche Täter hat er sich über Tage in Wohnbereiche vorgearbeitet. Bei Sexualstraftaten wurde er oft erfolgreich eingesetzt, ebenso bei Raubüberfällen und Tötungsdelikten ...«

Autoren

Apothekerin
Gründerin und Inhaberin von GO.FIND.
Zentrum für Suchhunde
Jahrgang 1976
www.gofind-trail.de
susanna.simon@gofind-trail.de

Susanna Simon ist seit Jahren als Mantrailerin für diverse Kriminalpolizeidienststellen tätig und gehört zu jenen Pionieren, die diese Disziplin in Deutschland aufgebaut haben, als sie noch in ihren Anfängen steckte. Ihre beruflichen Wurzeln liegen in der Pharmazie – ein Hintergrund, der ihr eine Alienität zu sauberen, strukturierten Abläufen und wissenschaftlichem Denken vermittelt hat. Im Laufe der Jahre hat sie sich zunehmend der intensiven Arbeit mit dem Hund gewidmet, bis die Apotheke schließlich ganz aus ihrem Leben verschwand.
Die Prinzipien des wissenschaftlichen Arbeitens hat Susanna Simon aus der Pharmazie ins Mantrailing mitgenommen. Ihre Herangehensweise ist geprägt von der Bereitschaft, genau hinzuschauen und Dinge in allen ihren Facetten zu verstehen.
Ebenso charakteristisch sind ihre unerschütterliche Loyalität gegenüber dem Hund und ihre große Empathie für den Menschen. Um ihre Teams noch besser zu unterstützen, hat sie ihre Expertise im Hundewesen durch mehrere Coaching-Ausbildungen erweitert – ein Wissen, das heute allen zugutekommt: ihren Teams, den Trainees der Ausbildungen und jedem, der mit ihr zusammenarbeitet.

Diplom-Ingenieurin (FH) Fachrichtung Bau
Gründerin und Inhaberin von GO.FIND
Zentrum für Suchhunde Niedersachsen
Jahrgang 1970
www.niedersachsen.gofind-trail.de
christina.blessmann@gofind-trail.de

Christina Bleßmann hat in den letzten Jahren eng mit Susanna Simon zusammengearbeitet und mit ihrem eigenen Hund die Prüfung zur Einsatzfähigkeit bei ihr abgelegt. Aus dieser Zusammenarbeit heraus hat sich GO.FIND erweitert, so dass Christina nun den Bereich GO.FIND. in Niedersachsen leitet.
Entsprechend ihres Berufes als Bauingenieurin liebt sie planmäßiges Vorgehen, klare Strukturen und einen sinnvollen Aufbau.
So entstand der beispielhafte Trainingsplan, der in diesem Buch vermittelt wird.
Gleichzeitig lebt ihre Arbeit von ihrem wachen Auge und der Gabe, Abläufe schnell und prägnant zu erfassen und wiederzugeben. Da auch ihr Herz leidenschaftlich für diese Art der Zusammenarbeit mit dem Hund schlägt, ist jeder Trail, den sie legt, eine Liebeserklärung an das Mantrailing.

Vorwort

Der Detektiv in uns

In jedem von uns steckt ein Detektiv, der mit seinem Freund und Partner Hund eine Spur verfolgt, voller Neugierde, Spannung und Leidenschaft. Ein Detektiv, der gemeinsam mit dem Hund so sehr in die Spur eintaucht, dass er die Zeit vergisst, bis er findet.

Ob wir dies als Hobby in unserer wöchentlichen Trainingsgruppe zum gemeinsamen Vergnügen mit unserem Hund und Gleichgesinnten betreiben oder zur Aufdeckung von Straftaten als Einsatzteam für die Kriminalpolizei oder vielleicht auch in der Vermisstensuche – letztendlich ist das kein großer Unterschied. Die Grundlage ist immer die Freude an der gemeinsamen Arbeit.

Nicht zuletzt ist das Mantrailing in den letzten Jahren immer populärer und beliebter geworden, weil es uns in seinen Möglichkeiten, Freude und Gemeinsamkeit immer wieder neu zu erleben, so sehr »vom Hocker reißt«. Die Freude ist die Spur, der es zu folgen gilt.

Unsere Philosophie: Trainer, Team und Traillegetechnik

Wie ist unsere Trailphilosophie entstanden und was macht sie aus? Oft wird der Begriff des »intuitiven« Mantrailings missverstanden.

Er bedeutet nicht, sich allein auf ein vages Gefühl zu verlassen. Vielmehr beschreibt er das Ergebnis eines tiefen, über Jahre gewachsenen Verständnisses für die komplexen Zusammenhänge bei der Personensuche.

Unsere Philosophie basiert auf der Überzeugung, dass exzellentes Mantrailing nur funktioniert, wenn drei zentrale Elemente optimal zusammenwirken: der Trainer, das Team und die Traillegetechnik.

Es begann mit der Erkenntnis, dass weder Technik noch reines Gefühl allein zum Erfolg führen. Wir lernten, die feinsten Signale unserer Hunde zu lesen und gleichzeitig die äußeren Bedingungen analytisch zu erfassen. Daraus entwickelte sich ein ganzheitlicher Ansatz, der alle Facetten einer Suche berücksichtigt:

Der Trainer ist mehr als nur ein Anleiter.
Er muss die Fähigkeit haben, das Team wirklich zu sehen – seine Stärken, seine Grenzen, seine Tagesform. Ein guter Trainer versteht, dass jedes Mensch-Hund-Team einzigartig ist und keiner Patentlösung folgt. Er schafft den Raum für Entwicklung und begleitet mit Empathie und Fachwissen.

Das Team – Mensch und Hund – bildet das Herz des Mantrailings. Hier treffen individuelle Persönlichkeiten, Fähigkeiten und Grenzen aufeinander. Der Mensch muss lernen, die Sprache des Hundes zu verstehen, seine subtilsten Signale zu lesen und ihm als verlässlicher Partner zur Seite zu stehen. Der Hund wiederum braucht einen Menschen, der ihn wirklich sieht und versteht.

Die Traillegetechnik ist das handwerkliche Fundament. Sie beschreibt die Art und Weise, wie der Trail selbst gelegt wird – immer angepasst an das spezifische Team, das Setting, die Witterung und alle anderen Rahmenbedingungen. Ein Trail wird nicht nach Schema F gelegt, sondern mit dem Wissen um die individuellen Fähigkeiten des Teams und die Besonderheiten der Umgebung. Sie ist analytisch, wissenschaftlich und dennoch flexibel genug, um sich an jede individuelle Situation anzupassen.

Wenn diese drei Elemente ineinandergreifen – wenn der Trainer das Team versteht, wenn das Team die Technik beherrscht und gleichzeitig in echtem Dialog miteinander steht – dann steht dem Trailflow nichts mehr im Weg. Es ist wie ein wissendes Gefühl, das es uns erlaubt, im richtigen Moment die richtige Entscheidung zu treffen.

Diese Verbindung von Analyse und Empathie, von Wissen und Gefühl, macht für uns die Faszination des Mantrailings aus. Es ist ein ständiger Dialog – mit dem Hund, mit der Umgebung und mit uns selbst.

Diesen Weg möchten wir in diesem Buch aufzeigen: einen Weg, der zu einer tieferen, authentischeren Partnerschaft mit unseren Hunden führt.

Dieser Link führt euch zu den in diesem Buch enthaltenen Medien. Die QR-Codes zu den Videos findet ihr an den entsprechenden Stellen in den Kapiteln.

http://mein.mueller-rueschlikon.de/42374

Über dieses Buch

Ausbildung in der ersten Dimension auf dem Weg zum Einsatzteam

Auf dem Weg zu einem Team wie Archie und Susanna es waren, durchwandern wir viele Entwicklungsstufen vom Start, dem Antrailen, bis hin zum intuitiven Mantrailing auf allerhöchstem Niveau.

Wir teilen diese Entwicklungsstufen in fünf verschiedene Einheiten und nennen sie die **»fünf Dimensionen im Mantrailing«**.

1. Dimension: **Die Strecke**
   Basisarbeit und elementare Grundlagen im Trainingsaufbau, Wege und Straßen im ruhigen Wohngebiet, Spurdifferenzierung richtig aufgebaut und gelegt.

2. Dimension: **Die Fläche**
   Trails über mittelgroße Kreuzungen und Plätze, belebteres Wohngebiet und Kleinstadt, welche Hundepersönlichkeit braucht welchen Trainingsimpuls?

3. Dimension: **Der Raum**
   3-D-Trailen, unlogische Trails, Hochbrücken, Unterführungen, Geruchsabrisse, Stadtzentren und komplexe Gebäude.

4. Dimension: **Die Zeit**
   Arbeiten von unterschiedlichen Zeitfenstern auf dem Trail (Zeitsprünge) und deutlich älterer Spuren, Negativs in allen Varianten, komplexe urbane Gebiete und alle Gebietstypen der vorherigen Dimensionen.

5. Dimension: **Die Intuition**
   Arbeit auf höchstem Niveau, einsatznahes Training, Informationen zusammensetzen, sämtliche Gebiete.

Mit diesem Buch möchten wir euch einladen, den Weg durch die erste Dimension, die Strecke, gemeinsam mit uns zu gehen.

Wir beschreiben euch, wie man die Basis dafür schafft, zu einem Team zusammenzuwachsen: einander blind verstehend und voller Vertrauen. Und ihr bekommt von uns das neurobiologische Wissen, das es dafür braucht.

Denn beides ist für diese Arbeit wichtig: Gefühl und Wissen. Das Wissen gibt uns die Wurzeln, das Gefühl verleiht uns die Flügel.

Wir wünschen uns, dass aus der Arbeit, die wir in diesem Buch beschreiben, viele Mensch-Hund-Teams erwachsen, die in der Zusammenarbeit fein und achtsam miteinander umgehen und so Ergebnisse erzielen, die sie vorher nicht für möglich gehalten hätten.

Tauchen wir nun ein in die Welt des Hundes und begeben uns mit ihm auf die spannende Reise durch die erste Dimension des Mantrailings.

Viel Freude mit diesem Buch.

EINLEITUNG

Die Grundlagen

Was ist Mantrailing?

Im Mantrailing suchen wir gemeinsam mit unserem Hund einen Menschen, indem wir dessen Spur verfolgen. Hierbei steht »Man« aus dem Englischen für den gesuchten Menschen, die Spur wird Trail genannt, und »trailing« steht für das Nachlaufen derselben.

Darüber hinaus hat sich inzwischen auch die Tiersuche, das sogenannte »Pettrailing«, immer weiter etabliert. So kann vermissten Hunden, Katzen, Pferden und selbst Schildkröten geholfen oder aber den Besitzern Gewissheit über das Schicksal ihres Tieres verschafft werden. Die Arbeit ist fachlich sehr ähnlich, im Trainingsaufbau anfangs vollkommen gleich. Im späteren Verlauf werden dann jedoch andere – für die Tiersuche übliche – Einsatzlagen trainiert. Doch dies soll hier nicht unser Thema sein. Wir sind auf die Menschensuche spezialisiert und machen diese zum Inhalt unserer Reise.

Mantrailer und Personenspürhund

Unsere Hunde werden bei dieser gemeinsamen Aufgabe Mantrailer oder Personenspürhunde genannt. Sie lernen im Training, den Geruch einer definierten Person zu verfolgen und andere Spuren außer Acht zu lassen. Dies ist ein wesentlicher Unterschied zu anderen Suchhunden, die z.B. Menschen, tot oder lebendig, im Allgemeinen suchen, aber nicht zwischen einzelnen Individuen unterscheiden. Mantrailer tun dies sehr genau und verfolgen nach einem soliden Aufbau nur die eine einzige zu suchende Person. Selbst Zwillinge, die geruchlich sehr ähnlich sind, können sie voneinander unterscheiden. Für diese enorme Riechleistung und den großen Willen für uns zu arbeiten verdienen unsere Hunde unseren allergrößten Respekt. Es ist an uns, dies zu achten und sie vor unserem Ehrgeiz zu schützen. Denn nur dann entsteht ein Miteinander, das uns gut durch die verschiedenen Dimensionen im Aufbau eines Mantrailers trägt.

Warum können unsere Hunde so etwas? Sie nutzen ihren überaus guten Geruchssinn, der dem unseren so unendlich überlegen ist und mit dem sie Wildspuren riechen und verfolgen können. Sie unterscheiden, wie schon ihre Vorfahren die Wölfe, wo der Geruch frischer wird, sie nehmen den Altersunterschied von Spuren wahr, erkennen daran, in welche Richtung das Wild gelaufen ist und können sich für die zielführende Richtung entscheiden. Im Gegensatz zum Wolf jedoch wurde der Hund über Generationen darauf gezüchtet, mit uns gemeinsam arbeiten zu wollen. Deshalb ist er bereit, diese Fähigkeiten mit uns und für uns einzusetzen.

Geruchsprobe

Damit unser Hund weiß, welchen Menschen er suchen soll, wird ihm eine Geruchsprobe von diesem angeboten. Die Probe kann ganz viele Ursprünge haben: Ein Geruch kann von der Kleidung der vermissten Person genommen werden oder es kann ein Abstrich von einer Tatwaffe verwendet werden. Es reicht ein Haar oder das »Abriechen« lassen von einem Stuhl, auf dem die Person zuletzt gesessen hat, oder ein verlorener Gegenstand. Auch Urin oder Blut kann als Probe dienen. Im Training verwenden wir manchmal den Atem in einem Glas eingefangen oder einen angefassten Stein. Die Möglichkeiten sind sehr vielfältig.

Fakt ist aber, je eindeutiger die Geruchsprobe für den Hund ist, desto leichter fällt ihm das Eintauchen in die Suche.

Allein die Erklärungen zur richtigen Beschaffung und Verwendung der Geruchsprobe

Geruchsaufnahme aus dem Glas.

wäre ein Buch für sich wert, soll hier aber wie die Tiersuche nicht weiter unser Thema sein, weil wir den Fokus auf die Zusammenarbeit zwischen Hund und Mensch sowie deren Training legen wollen.

Geruchsspur und Trail

Wie wir euch bereits beschrieben haben, nennt man die »Spur« der gesuchten Person Geruchsspur, Spur und Trail.

Weder wir Menschen noch die suchenden Hunde sind in der Lage, sie mit den Augen zu sehen. Im Gegensatz zu mancher Märchenfigur hat auch die gesuchte Person keinen Faden, keine Brotkrumen und auch keine Kieselsteine hinterlassen (obwohl wir vereinzelt von Fähnchen hörten, die im Training als Anhaltspunkt für die Suchenden verteilt werden). In den allermeisten Fällen finden wir auch keine Fußspuren oder abgebrochene Äste, die als Hinweis dienen können. Anders als in der Fährtensuche gibt es zudem nur wenig Bodenverletzungen, die durch den Hund verfolgt werden können, da die Geruchspur häufig über befestigte Straßen oder auch »indoor«, also innerhalb von Gebäuden liegt.

Wir müssen und dürfen und können uns folglich nur auf die Nase des Hundes verlassen, denn für uns ist die Geruchsspur nicht wahrnehmbar. Sie ist der verborgene, der spannende Teil, den wir entdecken wollen, der Schlüssel zum Erfolg: über die Aufdeckung werden wir zur gesuchten Person geleitet.

In der Theorie versuchen vielfältige Modelle, Skizzen und Ansätze, den Verlauf der Geruchsspur beispielhaft darzustellen. Doch dies sind alles nur Annahmen. Tatsächlich wissen wir

Der Hund liest uns die Spur vor.

bis heute nicht genau, was der Hund wirklich wahrnimmt. Sind es nur Hautpartikel, Bakterien, Teilchen aus Atemluft und Schweiß, kann er DNA riechen oder etwas, das wir heute noch gar nicht kennen? Die Grenzen scheinen weit, man vermutet sogar, mit verbrannten Geruchsproben auskommen zu können. Darüber hinaus gibt es sogar Hunde, die die Spur eines Menschen noch verfolgen können, wenn er mit dem Auto fortgefahren ist.

Auch das Alter der Spur, die der Suchhund noch arbeiten kann, erscheint uns Menschen mit unserem begrenzten Riechvermögen völlig unvorstellbar: selbst mehrere Monate später kann ein Hund unter Umständen eine Spur noch finden. Selbst die Stimmungslage der gesuchten Person scheint unser Teampartner wahrnehmen zu können. Riecht er die Hormonlage über die Ausdünstungen oder gibt es gar eine Verbindung zwischen Suchendem und Gesuchtem, die wir heute noch nicht erfassen können? Da gibt es noch viel zu erforschen, und die Grenzen sind wenig abgesteckt. Gerade das macht für uns einen Teil der Begeisterung für das Mantrailing aus: Die Hunde leisten für uns Unvorstellbares.

Die größte Faszination liegt für uns allerdings darin, dass der Hund uns die Spur vorlesen kann. Er kann die Geruchsspur riechen (abhängig von Rahmenbedingungen wie Qualität der Geruchsprobe, Alter der Spur, Wetterlage, Umgebungsbedingungen, Ausbildungsstand und Tagesform), ihr folgen und uns über seine Körpersprache ihre Geschichte erzählen.

Je besser wir als Team aufeinander eingestellt sind, uns kennen, einander zuhören und uns gegenseitig verstehen, desto deutlicher kann er uns die Spur erklären und desto besser können wir ihm antworten, ihm mitteilen, was wir

Ein Team im guten Zwiegespräch.

verstanden haben und wo wir folgen können. Er erzählt uns zum Beispiel, wo er ganz genau auf der Spur oder etwas parallel dazu läuft und woher er Witterung von der in der Entfernung liegenden Spur bekommt. Er signalisiert uns, wo sie nur schwer zu riechen ist, weil sie vielleicht schon sehr alt ist, oder wo sie endet. Bei gutem gegenseitigem Verständnis können wir die Teile dieser Informationen zusammensetzen und der Spurverlauf wird vor unserem geistigen Auge sichtbar. Der Hund formt das Bild. Das ist eines der größten Geschenke des Mantrailings!

Das Zwiegespräch

Dieses stille Gespräch zwischen Hund und Hundeführer, das Vorlesen der Spur und die Rückmeldung des Menschen, dass er wahrnimmt, was der Hund erzählt, nennen wir das Zwiegespräch. Wir möchten euch in diesem Buch erklären, wie wir die Hunde trainieren, damit sie für uns lesbar werden und uns ihre Geschichte der Spur vorlesen können. Wir beschreiben euch einerseits, wie wir den Hunden beibringen, genau die eine richtige Spur zu verfolgen und andererseits, wie die Hundeführer lernen, die Sprache der Hunde zu verstehen, zu erkennen, ob der Hund gerade der Spur folgt oder ob sie woanders liegt.

Wir erklären euch, wie das Zwiegespräch zwischen Hund und Hundeführer läuft, so dass beide im engen Austausch arbeiten und einander durch schwierige Passagen hindurchhelfen können. Dieses stille, aber sehr intensive Zwiegespräch ist die eigentliche Teamarbeit, der Teil, der uns fasziniert, der uns mit unserem Kumpel, dem Hund, das Abenteuer Mantrailing wirklich als etwas Gemeinsames erleben lässt.

UNSERE PHILOSOPHIE

des Mantrailings

Folge der Freude. GO.FIND.

Wir suchen im Mantrailing die kraftvolle Freude für beide Teampartner in der gemeinsamen Arbeit und stärken diese im Training. Dadurch kann die gemeinsame Suchleistung immer weiter wachsen, in der Qualität besser werden und in der Ausdauer länger. Ohne diese Freude verkümmert die Suchleistung. Der Hund verliert sein Ziel, die Spur, die Lust an der Arbeit, das Verständnis der Zusammenhänge und letztlich auch das bedingungslose Vertrauen in seinen Menschen. Stattdessen spürt er Konflikte und Zwiespalt, er wird unsicher. Sein Suchverhalten ändert sich. Er grübelt und kontrolliert mehr, er arbeitet weniger zielgerichtet und wird für den Hundeführer schwieriger zu lesen. Diese Unsicherheit zwischen Hund und Hundeführer schaukelt sich auf wie ein Wohnwagen, der hinter einem Auto ins Schlingern gerät.

Deshalb ist es so unendlich wichtig, sich einzuprägen wie der Hund aussieht, wie er sich anfühlt, wie er wirkt, wenn er auf der Spur ist und mit Kraft, Sinn und Freude arbeitet. Diese Arbeitsweise ist der Leitfaden, dem wir folgen.

Darüberhinaus müssen wir selbst Freude an der gemeinsamen Arbeit finden, den Austausch mit dem Hund lieben und gerne auf seine Mitteilungen antworten. Über diese Leistung und Gemeinschaft entwickeln wir uns im Mantrailing immer weiter. Wir kommen über das reine Handwerk des Mantrailings zur Kunst, der Intuition und letztendlich zum Fliegen, wie wir gerne sagen. Denn nur gemeinsames Fliegen auf der Spur wäre noch schöner als Mantrailing.

Wer kann Mantrailing?

Wir unterscheiden im Training nicht, ob jemand im Hobbybereich bleiben möchte oder die Einsatzreife anstrebt. Jeder Hund und somit auch jeder Mensch bekommt einen qualifizierten Aufbau, weil nur dieser logisch für den Hund ist und somit zu der Zufriedenheit nach dem Training führt, die wir anstreben. Wir möchten, dass Hund und Mensch das Training in einer guten emotionalen Verfassung beenden, damit sich das Gelernte gut festsetzt und beide im nächsten Training voller Motivation starten können. Zur Erinnerung: Die Freude ist die Spur, der es zu folgen gilt.

Welcher Hund ist geeignet?

Mantrailing eignet sich im Grunde für jeden Hund, egal, ob er süße 12 Wochen, kraftvolle vier oder gesetzte zehn Jahre alt oder ein echter Senior ist. Spaß daran findet jeder Hund, weil das Verfolgen der Spur ihm seit Anbeginn der Zeiten im Blut liegt. Wir trainieren vom Pinscher über den Dackel, Pudel, Retriever, Schweiß- und Jagdhund, Boxer und ganz bunte Mischungen bis hin zu den Bloodhounds alle. Jeder bringt rassebedingt und individuell andere Voraussetzungen mit. Jeder wird individuell gefördert und doch ist vieles allen gleich: Sie wollen gemeinsam mit dem Menschen arbeiten, zusammen Freude und Erfolg erleben. Ausnahmen bilden unter Umständen rassebedingt einige Herdenschutzhunde oder erfahrungsbedingt manche ehemaligen Straßenhunde.

Ebenso ist allen Hunden gemeinsam, dass sie eine großartige Nase besitzen, mit der sie sich durch die Welt bewegen. Diese Nase möchte ihre Erfüllung finden und das am liebsten mit dem Sozialpartner Mensch. Es ist schön zu beobachten, wie die Hunde unter gutem Training wachsen, wie sich die Beziehung zum Menschen intensiviert. Besonders gut eignet sich Mantrailing im Hobbybereich für Hunde mit Arthrosen oder anderen Handicaps,

Wilma, 12 Jahre alt.

Asterix, 14 Wochen alt.

Das Team arbeitet in Harmonie den Trail.

die zum Beispiel Agility und andere weniger gelenkschonende sportliche Aktivitäten ausschließen. Auch blinde Hunde können hier ihre Passion finden. Natürlich bringen nicht alle Rassen und Hundepersönlichkeiten das gleiche Talent mit, aber für den Hobbybereich spielt das keine Rolle.

Wer die Einsatzreife anstrebt, sollte auf kurznasige Rassen verzichten. Diese Rassen haben aufgrund ihrer Atemwegsstruktur eine eingeschränkte Wärmeregulation und sind anfällig für Überhitzung – ein erhebliches Risiko bei intensiver körperlicher Arbeit im Einsatz. Rassen mit guter Richtleistung (z.B. Jagdhunde) sind für diese Aufgabe deutlich besser geeignet. Im Hobbybereich können kurznasige Rassen unter geeigneten Bedingungen (kühle Temperaturen, kürzere Trainingseinheiten, regelmäßige Pausen) trailen. Hundeführer sollten jedoch wissen, dass diese Rassen weniger für intensive körperliche Arbeit geeignet sind und besondere Aufmerksamkeit für Überhitzungsanzeichen erforderlich ist.

Welcher Mensch ist geeignet?

Auch hier sind kaum Grenzen gesetzt. Ein guter Trainer passt das Training auf die Fähigkeiten des Menschen an.

Wichtigste Voraussetzung ist auch für den Menschen die Lust an der Arbeit mit dem Hund und die Bereitschaft, dazuzulernen und sich weiterzuentwickeln.

Körperliche Fitness ist für die Einsätze wichtig, kann im Hobbybereich jedoch in den Hintergrund rücken. Gesundes Gehvermögen ist von Vorteil, es besteht jedoch auch für Rollstuhlfahrer die Möglichkeit zu trailen.

Unsere älteste aktive Hundeführerin ist derzeit knapp 80 Jahre alt und wöchentlich mit großer Freude mit ihrem Hund im Training.

Gewalt, Zwang und Hektik sind unnötig und hinderlich

Wir lehnen jegliche Gewalt im Training ab und kommen auch ohne sie sehr gut zum Ziel.
Für uns ist Mantrailing eine Zusammenarbeit von Gleichberechtigten, in die jeder seine Stärken einbringt: der Hund seine Nase und die Fähigkeit, zwischen frischer und alter Spur

zu unterscheiden, wir die Organisation und die Sicherheit im urbanen Gebiet, beide die Teamfähigkeit.

Wir stülpen z.B. dem Hund die Geruchsprobe nicht über die Nase, weil unsere Hunde sich den Geruch eigenständig abholen sollen und wollen: sie wollen die Aufgabe lösen, wir vertrauen ihnen und werden dafür mit freiwilliger Leistung belohnt.

Wir möchten in Ruhe und Entspannung arbeiten und lehnen deshalb auch das Anreizen des Hundes ab, bei dem der Hund in Hektik lernt, über die Augen zu suchen.

Der Hund ist immer richtig

Eine qualifizierte Fehleranalyse betrachten wir als kontinuierlichen und unverzichtbaren Verbesserungsprozess. Wir suchen die Fehler bei uns als Hundeführer oder Trainer – eine ehrliche Selbstreflektion ist dabei der Schlüssel – und vermitteln dies in der Trainerausbildung. Der Hund macht es von sich aus richtig (Instinkt), wenn er die richtigen Bedingungen geboten bekommt. Das liest sich sehr einfach, doch die Praxis zeigt oftmals ein anderes Bild. Es ist so viel leichter, dem „dummen Hund" die Schuld zu geben, als sich selbst kritisch zu hinterfragen. Ist ein Hund scheinbar zu dumm für einen Trail, haben wir ihn als Trainer falsch eingeschätzt, eine falsche Lernaufgabe gestellt oder als Hundeführer falsch, nicht ausreichend oder sogar zu viel unterstützt. Eine wertschätzende, hochqualitative Arbeit erreichen wir nur und ausschließlich, wenn wir den Hund als grundsätzlich richtig und Maßstab für unsere Aufgaben ansehen – und in der Folge uns selbst kontinuierlich überprüfen und weiterentwickeln. Vom Hund ausgehend überlegen wir, welche Unterstützung notwendig ist.

Wie arbeiten wir mit dem Hund und an der Spur?

Die folgende Arbeitsweise hat für alle Teams einen großen Vorteil: Sie spart Kraft und Energie sowie Zeit bei der Suche, weil sehr nah an der Spur gearbeitet werden kann.

Seit ich bei Susanna trainiere, habe ich gelernt, sehr nah mit dem Hund zusammenzuarbeiten. Wir arbeiten auch an Straßen und über große Kreuzungen, ohne dass diese gesperrt werden müssen.

Weil dies oft nur an sehr kurzer Leine möglich ist, habe ich von ihr gelernt, die kleinsten Richtungsentscheidungen und Hinweise meines Hundes wahrzunehmen, richtig zu deuten und entsprechend zu handeln, damit der Hund sicher über die Straße kommt, dabei aber nicht in seiner eigenständigen Suche behindert wird.

Ich habe mich oft gefragt, wie Teams, die grundsätzlich mit sehr langer Leine arbeiten, sicher durch die Stadt kommen. Erst bei der umfassenden Recherche der Literatur ist mir aufgefallen, dass der Unterschied im Einsatzgeschehen liegt. Alle Organisationen, die mit, bei und für die Polizei arbeiten, greifen darauf zurück, dass die Straßen gesperrt werden.

Da Susanna jedoch für die Kripo läuft, die in entsprechenden Einsatzlagen auch einmal darauf bedacht sein muss, möglichst unauffällig zu arbeiten, ist das für sie nicht immer möglich. Da ist die sehr enge, nahe Arbeit mit dem Hund unerlässlich.

Die großen Bögen, die viele Teams laufen müssen, um sich nach dem Überlaufen eines seitlichen Abgangs wieder auf die Spur zurück zu arbeiten, können somit entfallen.

Tatsächlich ist dies eines der größten Ziele, die Susanna mir immer wieder eingeprägt hat, und das gebe ich auch heute im Training weiter: Sieh genau hin! Bleibe abwartend, wenn der Hund unsicher ist, schiebe ihn nicht! Bleibe nah an der Spur! Geht sorgsam mit eurer Kraft um! Lauft in der Freude! Denn die Freude empfindet ihr, wenn ihr auf der Spur seid. Merke dir diese Energie, der gilt es zu folgen!

Durch die hier geschilderte Form der Zusammenarbeit kommen Mensch und Hund in eine positive Neurotransmitter- und Hormonlage, eine gute Stimmung, die die Grundlage für unsere Arbeit bildet. Sie öffnet die Tür, um die Wege zu beschreiten und gibt die nötige Sicherheit, dem Prozess zu vertrauen. Ohne sie kann weder Lernen noch Entwicklung in der von uns gewünschten Qualität stattfinden.

Zauber des Mantrailing: Das Fliegen

Ziel ist es in den Flow zu kommen, jenen Zustand, in dem alles mühelos von der Hand geht.

Befragt man Menschen zu diesem Zustand, berichten sie, dass sie im Zustand des Flow ganz in ihrem jeweiligen Tun aufgehen, ohne jeden Gedanken an ihre Wirkung auf andere oder eine Bewertung durch andere, und sich auch selbst nicht mehr mit negativen Bewertungen quälen. Sie gehen in ihrem Tun auf. Dieser Zustand ruft Freude und Glück hervor.

Im Mantrailing kann jener Flow in intensiven Suchphasen entstehen, wenn wir mit sehr hoher Konzentration im absoluten Jetzt mit dem Hund arbeiten, wenn wir so nah im Austausch mit dem Hund sind, dass wir das Gestern und das Morgen vergessen, weil nur der Augenblick wichtig ist. Wir fühlen dann eine Sicherheit mit dem Hund, die uns über alle Passagen hinweg trägt.

Sieht man ein Team im Flow, erkennt man eine beinahe fassbare Präsenz der beiden. Sie sind gedanklich so eng miteinander auf dem Punkt in höchster Konzentration verbunden, dass man glaubt, das Energiefeld zwischen ihnen mit den Händen greifen zu können. Ihre Bewegungsabläufe sind harmonisch und aufeinander abgestimmt. Sie scheinen sich blind zu verstehen, denn der gegenseitige Austausch ist kaum wahrnehmbar. Man hat den Eindruck, dass sie auf einer höheren Ebene miteinander kommunizieren.

Hin und wieder sieht man dies auf Turnieren bei Tänzern oder Reitern auf höchstem Niveau. Sie sind auf den Augenblick hintrainiert, bereit alles für ihren Partner und mit ihm für die Erfüllung der gemeinsamen Aufgabe zu geben. Sie verschmelzen miteinander, werden eins. Sie wissen um die Stärken und Schwächen des anderen, können jederzeit zwischen Hilfe geben und annehmen wechseln, je nachdem, wie sie es als Team gerade benötigen. Sie tragen sich gegenseitig, können sich einander völlig hingeben und bedingungslos aufeinander verlassen. Es ist der Moment, in dem sie sich fallen lassen und merken, dass sie fliegen.

Nur die Spur im Fokus.

AUSRÜSTUNG:

Wir wollen gemeinsam durchstarten und »packen unseren Koffer«

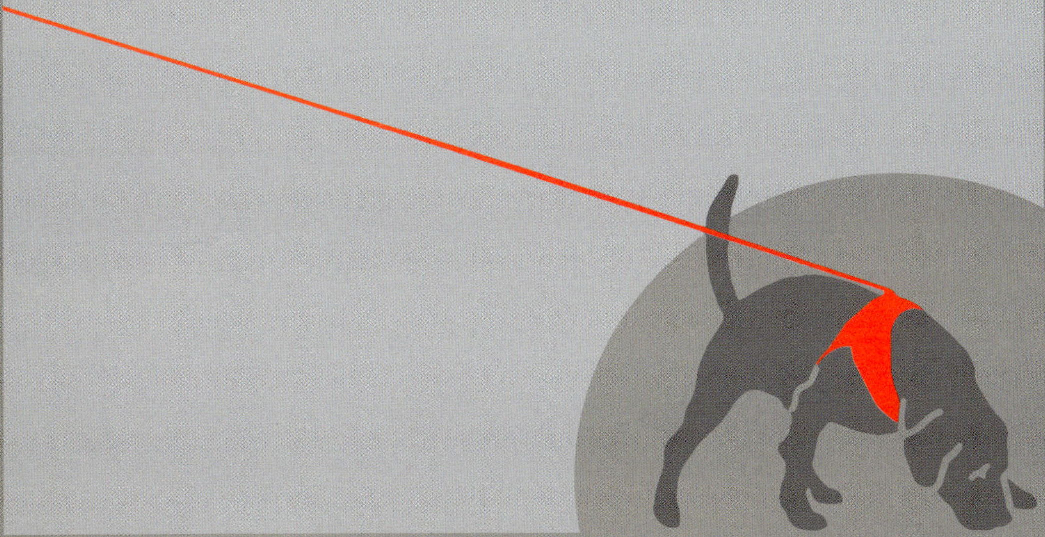

Die Ausrüstung liegt bereit.

Bevor wir mit dem Training beginnen, brauchen wir die richtige Ausrüstung. Dieser Part ist im Mantrailing sehr wichtig. Schlechte Ausrüstung kann ein Team komplett behindern und so schlecht laufen lassen, dass die besten Trainingsmethoden unwirksam sind. Schaut euch selbst und, falls ihr Training gebt, auch eure Teams genau daraufhin an und probiert im Zweifel Alternativen aus. Mit gutem Equipment ist die Freude an der gemeinsamen Aufgabe viel größer.

Halsband und Geschirr

Während das Halsband sich als einfachste Möglichkeit herausgestellt hat, um den Hund zur Arbeit zu führen, ist das Geschirr am besten geeignet, um dem Hund das bei der Sucharbeit erwünschte Ziehen zu ermöglichen. Für den Hund ist schnell sehr klar, dass ab dem »Umklinken« in das Geschirr das Ziehen gewünscht und das freie Arbeiten gewollt ist.

Natürlich kann man auch andere Rituale einführen, um den Unterschied zwischen Halsband und Suchgeschirr klarzumachen, z.B. wenn das Geschirr zwei Ringe hat, im vorderen Ring zum Start führen und für den Start in den hinteren Ring umhängen. Oder man kann dem Hund ein Halstuch umlegen, das ihm signalisiert, dass ab jetzt getrailt wird.

Da jedoch fast jeder ein Halsband für seinen Hund hat und das Geschirr zwingend für die Suche benötigt wird, hat sich diese Methode etabliert.

Weil es auch durch Büsche und Gestrüpp gehen kann, sehen wir gerne, wenn die Halsbänder für den Notfall einen Klickverschluss haben, sodass sie im ungünstigen Fall des Festhängens schnell gelöst werden können. Zugstopphalsbänder sind hingegen kaum zu lösen, wenn sie sich fest um den Hals des Hundes gezogen haben, und daher nicht geeignet.

Bereit für den Trail mit Geschirr und Halsband.

Das Suchgeschirr

Als nächstes brauchen wir für den Hund ein gutsitzendes Suchgeschirr, das weder die Atmung behindert noch die Schultern blockiert oder hinter dem Rippenbogen in die Weichteile drückt. Der Hund soll frei arbeiten können, ohne sich eingeschränkt zu fühlen oder gar Schmerzen zu empfinden, damit hieraus kein Stress entsteht.

Leider können wir an dieser Stelle keine allgemeingültige Empfehlung aussprechen, da manche Hund-Geschirr-Kombinationen geradezu traumhaft passend sind, das gleiche Geschirr aber einem ähnlich aussehenden Hund überhaupt nicht passt. Ihr müsst also verschiedene Geschirre ausprobieren und euch beraten lassen.

Die Leine soll am Geschirr hinter den Schulterblättern befestigt werden können. Für unsere Arbeit hat es sich als vorteilhaft erwiesen, wenn der Zugpunkt nicht weiter hinten sitzt. Warum? Liegt der Zugpunkt am hinteren Teil des Rückens, verrutscht das Geschirr oft seitlich nach rechts oder links. Dies kann den Hund in seiner Arbeit beeinträchtigen, da er den Zug der Leine aus einer anderen Richtung spürt als derjenigen, in die er arbeiten möchte. Damit verunsichern wir den Hund unnötig. Auch der Hundeführer kann den Hund in diesem Fall nur schwammig spüren, weil die Übertragung weniger direkt ist.

Hin und wieder gibt es Hunde, die das Geschirr nicht annehmen wollen und deshalb in einer Halsung oder am Halsband angetrailt werden. Meistens kann aber nach einiger Zeit, wenn der Hund Geschmack am Laufen auf dem Trail gefunden hat, auf ein Geschirr umgestellt werden. Er akzeptiert es dann erst als notwendiges Übel, um an den Spaß des Trailens zu kommen, und gewöhnt sich dann fast immer relativ schnell um.

Wichtig ist hierbei, dass während der Umgewöhnung allein dies als Aufgabe betrachtet wird und keine zusätzlichen Schwierigkeiten im Training dazu kommen. Erst wenn der Hund entspannt mit dem Geschirr läuft, kann es im Training wieder schwieriger werden. Die Umgewöhnungszeit holt das Team anschließend schnell wieder auf, weil der Hund im Geschirr viel lesbarer wird als zuvor in der Halsung oder am Halsband.

Trailleine

Die Trailleine ist die direkte Verbindung zwischen Hund und Mensch. Sie dient uns neben der Absicherung des Hundes auch zur Übertragung von Informationen. Hierin findet ihr einen großen Unterschied zu anderen Trailrichtungen, die an lockerer Leine arbeiten und die Leine nur zur Absicherung nutzen. Wir lieben den Kontakt über die Leine für den Austausch von Informationen wie durch eine Telegrafenleitung. Wer als Kind jemals mit Plastikbechern und einem Band dazwischen Telefon gespielt hat, erinnert sich: Es gab nur eine Übertragung, wenn Zug auf dem Band war.

Ich erinnere mich noch an das berauschende Gefühl, als mir dieser Quantensprung das erste Mal bewusst wurde, und ich habe unzählige strahlende Gesichter von Hundeführern vor meinem inneren Auge, die mir sagten: »Der Hund ist drauf! Ich fühle das so was von!« oder: »Hier sind wir richtig! Ich spüre das durch die Leine!«

Diese Art von Nähe zum Hund, sanfter Kommunikation, stillem Verstehen des Teampartners ist eines der großen Geschenke, die wir im Mantrailing erhalten.

Natürlich hinkt dieser Vergleich etwas, gibt aber ein Gefühl dafür, was wir meinen, wenn wir sagen, dass der Hund uns etwas durch die Leine »funkt« oder »sagt«. In Richtung Einsatzreife kommt man über diese Art des Mantrailings irgendwann an einen Punkt, an dem man durch die Leine fühlt, ob der Hund auf der Spur ist.

Welches Material ist dafür nun am besten geeignet?

Gurtband oder gummierte Leinen rutschen schlecht durch die Hand und scheuern die Haut auf, wenn sie doch mal durchgezogen werden. Auch Seile haben sich aufgrund der Verbrennungsgefahr beim Durchziehen als wenig tauglich erwiesen. Aus Angst vor Verbrennungen halten Hundeführer, die mit solchen Leinen trailen, sie oft sehr fest in der Hand, damit sie nicht durchrutschen. Das verhindert aber das Fühlen des Hundes und lässt uns im Handling hart werden, und dann ruckelt es in der gemeinsamen Arbeit.

Am häufigsten anzutreffen sind daher Leder- oder Biothaneleinen. Die Frage, welche die bessere Alternative ist, spaltet die Mantrailingwelt und bietet Potential für regelrechte Glaubenskriege.

Tatsächlich werdet ihr von uns hierzu auch keine einstimmige Aussage bekommen, denn wir arbeiten beide mit unterschiedlichem Material: Die eine schwört auf Leder, die andere fühlt die Hunde nur durch Biothane. Was sollen wir also sagen? Es bleibt nur: Probiert es selbst!

Als Faustregel könnten wir vielleicht mitgeben: Je schneller, hektischer und sicherer der Hund, desto eher ist Leder das Material der Wahl. Je langsamer und vorsichtiger

Ein Team mit Biothaneleine.

bzw. unsicherer der Hund, desto eher kommt Biothane in Frage.

Bei Hunden, die sehr stark im Zug sind und ruckartige Richtungsänderungen vornehmen, bietet die Lederleine den Vorteil, dass sie kleinere Führungsfehler aufgrund ihrer Elastizität verzeiht, da sie nachgibt. Starke Hunde fühlt man bestens durch die Lederleine, weil die »Funkqualität« der Hunde gut bzw. stark genug ist, um die Elastizität zu überwinden.

Entspannte Hunde sind durch die Biothaneleine oft besser zu fühlen. Sie »funken« sanfter, deshalb ist ein Material, das direkter überträgt, hier von Vorteil. Biothane verlangt jedoch eine hohe Konzentration auf das Leinenhandling, da sie ruckartige Führfehler des Hundeführers stärker und direkter an den Hund überträgt als die Lederleine.

Beim Ausprobieren ist es sinnvoll, im Hinterkopf zu behalten, dass ein gut auf Biothane trainierter Hund wahrscheinlich problemlos 1–2 Trails »auf Leder laufen« wird. Es kann sein, dass er erst mit dem 3. oder vielleicht auch 5. Trail anfängt, sich »schwammig« anzufühlen, weil ihm die Sicherheit von hinten fehlt.

Ebenfalls mag ein auf Leder trainierter Hund die spontane Umstellung auf Biothane anfangs problemlos wegstecken, ist der Hundeführer jedoch zu unsanft mit der neuen ungewohnten Leine, wird der Hund gestört und fängt an, mit jedem Trail mehr darauf zu reagieren, dreht sich vielleicht häufiger aus richtigen Entscheidungen heraus oder sieht sich immer öfter irritiert nach seinem Hundeführer um.

Bezüglich der Leinenlänge empfehlen wir ca. 7–8 m. Warum nicht mehr, warum nicht weniger? Eine 10 m lange Leine bringt zu viele Schlaufen und damit Material in die Hand. Wir empfinden sie deshalb als unbequem und eher hinderlich, zumal wir diese Länge bei unserer Sucharbeit nicht benötigen. Oft beobachten wir neue Kunden, die einen großen Wust aus Material in einer dafür viel zu kleinen Hand halten wollen. Gerade für Anfänger ist allein der richtige Umgang mit der Leine schon eine riesige Herausforderung. Da ist weniger Material oft mehr, und 10 m sind definitiv zu viel.

Steht beim ersten Training ein scheinbares Naturtalent im Umgang mit der Leine vor uns als Trainer, ist es meistens ein »Pferdemensch«, der über die Longierarbeit jahrelange Erfahrung im Schlaufen legen, im Leine nachlassen und aufnehmen hat, und damit einen wertvollen Vorsprung im Leinenhandling mitbringt. Wir beobachten dies immer wieder und können deshalb nur den Tipp geben: Wer nur hin und wieder in den Genuss von gutem Training im Mantrailing kommt, das Leinenhandling aber intensiver üben will, suche sich einen bereitwilligen Menschen, der sich von ihm an der langen Leine führen lässt. Der Partner nimmt das Ende der Leine in die Hand, während der Übende das Langlassen und Einsammeln der Schlaufen und das Halten eines gleichmäßigen Kontaktes üben kann. Nach und nach kann man versuchen, Abstände zu variieren oder den Partner bestimmte Wege gehen zu lassen.

Oder man lässt sich das Handling von einem befreundeten Pferdemenschen erklären, der einen vielleicht auch mal am Pferd üben lässt. Pferde spiegeln die Fähigkeiten in der Longenhand extrem klar, viel klarer noch als Hunde. Und zu wenig gearbeitete Pferde, deren Besitzer sich über Hilfe beim Longieren freuen, gibt es mehr als genug.

Im Winter 2019 und im Frühjahr 2020 hatte ich nur 2–3 mal monatlich Training im Mantrailing, aber dafür wöchentlich Training mit dem Pferd.

Mein Hund hat sehr von den klaren Antworten meines Pferdes profitiert. Ich hatte zu der Zeit ein unglaublich gutes Handling.

Eine kürzere Leine, vielleicht 4–5 m reicht in den Anfängen absolut aus. Will man im Mantrailing weiterkommen und später auch größere Plätze mit dem Hund arbeiten, braucht der Hund einfach mehr Raum und damit eine längere Leine. So kann es sinnvoll sein, direkt mit der richtigen Leinenlänge anzufangen, damit man sich später nicht umgewöhnen und ein zweites Mal kaufen muss.

Bezüglich der Leinenbreite und -stärke gilt: Je größer und schwerer der Hund, desto breiter/stärker muss auch die Leine sein, damit sie hält und sicher in unserer Hand liegt.

Je kleiner und leichter der Hund ist, desto schmaler/dünner muss die Leine sein, damit sie den Hund nicht hindert/belastet.

Auch der Karabiner ist wichtig: Eine schmale Leine mit einem sehr großen Karabiner kann für kleine Hunde sehr unangenehm sein.

Als Letztes ist noch zu erwähnen, dass es auch innerhalb der Materialien Unterschiede gibt: die eine Lederleine kann sich völlig anders anfühlen als eine andere mit identischen Maßen. Es ist also immer sinnvoll, die Leine vor dem Kauf zu fühlen oder sich darüber klar zu sein, dass man im Zweifel noch einmal neu kaufen wird.

Getrunken habe ich, jetzt kann es losgehen.

Verpflegung

Die wichtigste Verpflegung im Mantrailing ist das Trinkwasser, für die Hunde genauso wie für uns Menschen.

Die Nase des Hundes muss feucht sein, damit die gasförmigen Geruchsmoleküle in der Riechschleimhaut gelöst werden und an den Rezeptoren andocken können. Deshalb bieten wir den Hunden vor dem Start gerne Wasser an.

Während des Trailens erbringt der Hund Höchstleistung, sodass sich der Körper aufheizt und viel Flüssigkeit verbraucht. Diese muss zur Erhaltung der Leistung immer wieder aufgenommen werden. Auch der Mensch strengt sich an und sollte ein Getränk für sich dabeihaben.

Ist der Trail länger, kann es zusätzlich empfehlenswert sein, für sich und den Hund einen Snack dabeizuhaben, um nicht zu unterzuckern.

Tasche und Bekleidung

Um unterwegs immer Getränke für Hund und Mensch parat zu haben, ist es sinnvoll eine Tasche mitzuführen.

Wir raten dem Hundeführer jedoch dringend von Umhängetaschen jeglicher Art ab. Sie behindern das Leinenhandling und stören eventuell sogar massiv durch Verrutschen von der Schulter. Der Mensch gerät in eine Schieflage, da die Tasche ihn einseitig belastet. Dies beeinträchtigt den Hund in seiner Sucharbeit und kann im schlimmsten Fall an verzwickten Stellen zu falschen Entscheidungen führen. Es ist wichtig, beide Arme und Schultern frei und ungehindert bewegen zu können.

Wir empfehlen einen gutsitzenden und leichten Rucksack, der durch den Begleiter mitgeführt wird. Damit kann der Hundeführer absolut frei arbeiten. Hierin können neben

Achtet auch bei der Wahl eurer Jacken darauf, dass eure Schultern frei sind. Ich selbst bin aufgrund einer alten Schulterverletzung sehr empfindlich und traile deutlich schlechter, wenn ich Jacken trage, die mich in der Schulter einengen. Flattern oder herunterrutschen sollten sie allerdings auch nicht.

der Verpflegung auch gerne noch das kleine Notfallset und die Kotbeutel Platz finden.

Vor allem aber sollten Jacken wie auch Hosen dem Wetter angepasst sein: Im Sommer leicht, im Winter gefüttert und bei Regen wasserdicht.

Schuhe

Eigentlich ist es klar: gutsitzende feste und eingetragene Schuhe mit vernünftigem Profil eigen sich am besten. Fertig. Das könnte nun das Ende dieses Abschnittes sein.

Der Trainingsalltag zeigt allerdings, dass es hier einer genaueren Abgrenzung bedarf.

Als Erstes möchte ich aus eigener kürzlich gemachter Erfahrung noch einmal ganz explizit von jeglichem offenen Schuhwerk wie Sandalen, Latschen, Flipflops und all diesen superbequemen Sommertretern abraten.

Es war heiß, ich hatte etwas angelaufene Füße, bin generell eher ein Mensch, der oberhalb von 20 Grad am liebsten mit einem guten Buch auf der Couch liegt. Aber Hobby ist Hobby, das Training stand an, und die Hunde brauchten auch mal wieder Auslastung. Also erinnerte ich mich an meine Freundin Sabrina, die schwanger mit dicken Füßen in Flipflops trainiert hatte. »Muss doch irgendwie gehen, wenn ich Sandalen nehme.« Soweit meine Gedanken.

Sehr weit gefehlt! Abgesehen davon, dass ich im Vorwärtskommen gehindert war, weil ich nicht bequem und sicher auftreten mochte, verlief der Trail dann natürlich über eine Sandfläche. Etliche kleine Steinchen sammelten sich in den Sandalen, die unendlich schmerzten, weil ich zu allem Überfluss auch noch kürzlich zur Pediküre war und meine nun zarte Fußhaut mit der neuen Herausforderung überhaupt nicht einverstanden war, und ließen mich an meiner Idee bezüglich des neuen Komforts im Sommer deutlich zweifeln.

Hinter mir lief meine Trainerin Jenny, die meinte, gerade mich als langjährige Trailerin müsse sie wohl nicht mehr darauf hinweisen, dass passenderes Schuhwerk angesagt gewesen wäre. Noch jetzt beim Schreiben schmerzen mir die Fußsohlen, und ich weise hiermit offiziell darauf hin, dass ihr unter allen Umständen geschlossene Schuhe tragen solltet.

Gleiches in etwas abgemilderter Form gilt auch für Barfußschuhe mit dünner Sohle.

Da kommt das Team (Hund Marke »Übermotiviert-plus-groß-plus-sehr-kräftig-plus-wahnsinnig-schnell«, Frau Marke »Ich-weiß-nicht-wie-ich-diesen-Hund-auf-dem-Trail-halten-soll«) zu uns ins Intensivtraining und trägt Barfußschuhe.

Es war an dem Tag regnerisch, die Straßen waren rutschig, außerdem war ein richtiges Zutreten auf unbefestigten Straßen mit diesen Schuhen ähnlich wie oben beschrieben viel zu unbequem. Dieses Gefühl von Unsicherheit und Unwohlsein überträgt sich auf den Hund.

Der Hund wird niemals in seiner vollen Stärke und Leistungsfähigkeit, vor allem aber auch nicht gelassen arbeiten können, wenn sein Mensch hinter ihm ungleichmäßig geht, strauchelt oder leidet, weil er in unbequemen und unsicheren Schuhen unterwegs ist.

Als drittes Beispiel möchte ich noch von einer lieben Freundin berichten. Auch hier haben wir einen großen und kräftigen Hund, eine Mischung, die mit extrem »guter Nase« super talentiert ist, sich dabei jedoch aus verschiedenen Gründen leicht von der Umwelt verunsichern lässt. Um diesen Hund zu führen, bedarf es Standfestigkeit, Schnelligkeit und Sicherheit.

Zum Training trug sie Abrollschuhe. Diese Schuhe erleichtern das Abrollen, man rollt allerdings automatisch vorwärts, schwankt selbst im Stehen vor und zurück und muss sich Standfestigkeit hart erarbeiten.

Schon ein Pinscher an der Leine bringt uns in solchen Schuhen enorm vorwärts, weil sie dafür gemacht sind. Diese Schuhe eignen sich nicht zum Mantrailing.

Die Umstellung auf normales Schuhwerk brachte viel Ruhe in dieses Team.

Auch zu schwere Boots können hinderlich sein, weil man darin nicht »fliegen« kann – und zu gerne machen wir das beim Mantrailing.

Geht also in ein gutes Schuhgeschäft und lasst euch beraten. Ihr braucht bequeme, geschlossene Schuhe mit vernünftigem Profil, in denen ihr stand- und trittsicher seid und fliegen könnt. In einem traumhaften Paralleluniversum würden sie euch direkt in die Abteilung für Mantrailer führen.

Superbelohnung: Nassfutter zum Schlecken aus der Dose oder Tube

Alle Arten von Leberwurst, Hüttenkäse, Lachs und anderen Lieblingsspeisen der Hunde, gerne feucht, sind hier gewünscht.

Die Belohnung soll den Hund wirklich reizen, ans Ziel zu kommen und sie genüsslich aufzunehmen.

Superbelohnung in bester Stimmung.

Handtuch und/oder Bade- bzw. Wintermantel für den Hund

Da der Hund nach der Sucharbeit häufig noch einige Zeit im Auto warten muss, ist es sinnvoll, ein Handtuch oder einen Bademantel für den Hund dabeizuhaben. Es kommt immer mal wieder vor, dass ein Regenschauer, ein Bach oder Fluss auf dem Trail für eine gewollte oder ungewollte Abkühlung sorgt. Zu viel Nässe ist weder für den Hund noch für das Auto von Vorteil.

Wir hatten einmal einen lustigen Trail, da hätte Susanna sich selbst einen Bademantel gewünscht: Es war Sommer, wir trainierten im schattigen Wald, und der Trail führte durch einen scheinbar flachen Bach. Ich hatte aber keine Ahnung, wie ich mit meiner angeditschten Schulter die Böschung schaffen sollte. Die Versteckperson saß direkt hinter der gegenüberliegenden Böschung, und meine junge Maja sollte unbedingt Erfolg haben, wollte allein aber auch nicht durch das Wasser (Madame ist zwar Retriever, macht sich aber nur ungern den Bauch nass, was man natürlich so nicht ahnt). Hier war Susannas voller Einsatz erforderlich, den sie als gute Trainerin auch spontan erbrachte: Sie übernahm die Leine und stieg ins Wasser – das immer tiefer und tiefer wurde. »Maja kooooooomm!«, waren Susannas halb gerufenen, halb gequietschten Worte, während ihr Körper Schritt für Schritt ins Wasser eintauchte.

Ein lustiger Trail, wir hatten Spaß, Maja Erfolg, unsere Freundin Cordula als Versteckperson nur wadenhoch nasse Beine (keine Ahnung, warum der Wasserstand 2 m neben der Spur so unterschiedlich war) und Susanna eine Abkühlung; ihr Smartphone leider ebenfalls. Ihr Auftritt nach dem Training in der Tankstelle mit bis über den Bauchnabel durchnässter Kleidung muss legendär gewesen sein!

Im Winter wird es hingegen oft sehr kalt Unsere Physiotherapeutin für Hunde ist eine große Verfechterin von Wintermänteln für die kalte Jahreszeit, um Hunde bei kühleren Temperaturen im Auto mit einem Mantel warmzuhalten. Es sei denn, ihr verfügt über eine Standheizung, die das Auto warmhält.

Auch wenn die Hunde Unterfell haben, können 1,5 Stunden im Auto lang werden und zum Auskühlen führen. Man denke daran, wie schnell man selbst (auch mit Winterjacke) in einem kalten Auto anfängt zu frieren. Daher ganz klar unser Statement pro Hundemantel im Winter. Es ist einfach freundlicher dem Hund gegenüber.

Auto

Wir benötigen das Auto nicht nur, um den Trainingsort anzufahren, sondern auch, um den Hund hier in Ruhe warten zu lassen. Dafür ist es wichtig, dass die Hunde frühzeitig lernen, entspannt und geduldig im Auto zu warten. Nicht alle Hunde bringen diese Ruhe von Natur aus mit. Bei nervösen Hunden oder solchen, die Schwierigkeiten haben, zur Ruhe zu kommen, haben wir gute Erfahrungen mit Kongs gemacht, die mit Futter gefüllt wurden – sie helfen dem Hund, sich zu beschäftigen und dabei die Ruhephase zu erlernen. Doch das Auto birgt auch Herausforderungen, die

Im Auto wird gewartet.

wir nicht ignorieren dürfen. Im Sommer heizt sich das Auto schnell auf und stellt eine echte Gefahr für den Hund dar. Gemäß Tierschutzgesetz müssen wir sicherstellen, dass die Wartezeiten im Auto minimiert werden und der Hund nicht gefährdet wird. Deshalb ist es zwingend erforderlich, dass im Sommer eine Person bei den Autos bleibt und die Hunde kontinuierlich überwacht. Diese zusätzliche Person muss bei der Trainingsplanung berücksichtigt werden. Um die Wartezeiten kurz zu halten und die Vorgaben des Tierschutzgesetzes einzuhalten, kann die Gruppe gestaffelt einbestellt werden, sodass jeder Hund nur die notwendige Zeit im Auto verbringt. Die Fenster müssen durchgehend offen gehalten werden. Schattenplanen oder -netze sowie Thermoabdeckungen für die Fenster haben sich als sehr nützlich erwiesen. Im Sommer vermeiden wir jegliche Überhitzung der Hunde durch die geeignete Wahl der Treffpunkte: Schattenparkplätze, Parkhäuser, Waldgebiete und ähnliches. Ist Wasser in der Nähe, in dem sich die Hunde abkühlen können, nutzen wir dies gerne als Abwechslung und Erholung im Trainingsalltag – nicht als ernsthaftes Training, sondern als willkommene Pause für die Hunde. Ist es trotz all dieser Möglichkeiten zu warm und die Luftfeuchtigkeit zu hoch lassen wir das Training ausfallen und ersetzen es beispielsweise durch eine Theorieeinheit. In der kühlen Jahreszeit werden die Hunde wie oben beschrieben entsprechend warm gehalten.

DEFINITIONEN

Und jedem Anfang wohnt ein Zauber inne …

Für unsere gemeinsame Reise durch die erste Dimension des Mantrailings ist es wichtig, dass wir die gleiche Sprache sprechen. Wir möchten deshalb einige Begriffe, die wir in den nachfolgenden Kapiteln verwenden werden, genauer definieren und erklären. Es ist uns ein Anliegen, euch den Weg zu weisen, deshalb ist es für uns grundlegend wichtig, dass ihr uns versteht. Jegliche Erklärung würde verpuffen, wenn wir sie unverständlich bringen.

Warum wir dies so betonen? Weil es auch für Trainer wichtig ist, dass sie von den Hundeführern verstanden werden. Solltet ihr Trainer sein oder werden wollen, möchten wir euch empfehlen, alles stets so genau zu erklären, dass die Hundeführer euch jederzeit gedanklich folgen können, dies auch zu überprüfen und eure Erklärung gegebenenfalls anders zu formulieren.

»Man kann die Menschen gar nicht gut genug vorbereiten!«, sagte kürzlich unser Trainee Jessi dazu.

Dem ist von unserer Seite nichts hinzuzufügen – außer vielleicht, dass dies auch für Hunde gilt und Jessi sehr wahrscheinlich bei Erscheinen des Buches schon Trainerin ist.

Antrailen

Das sogenannte Antrailen beinhaltet die erste Trainingseinheit eines Hundes im Mantrailing, die immer wieder aufregend und oft auch überraschend anders verläuft als erwartet, meistens jedoch einfach nur zauberhaft ist.

Beim Antrailen soll der Hund lernen, die Verknüpfung zwischen Geruchsprobe, dazugehöriger Spur und der gesuchten Person herzustellen. Diese Trainingseinheit legt die Grundlage für den gesamten Trainingsverlauf und ist daher besonders wichtig. Sie bildet die Basis für die gesamte Arbeit des Hundes im Mantrailing.

Für uns steht hier vor allem die Verknüpfung über die Nase und das eigenständige Entdecken im Vordergrund. Der Hund soll von Anfang an in einer ruhigen Arbeitsatmosphäre über die Arbeit mit der Nase zum Ziel kommen.

Einige Organisationen und Trainer nutzen für das Antrailen das sogenannte »Anreizen«. Hierbei wird der Hund in die Richtung eines Menschen gestellt und festgehalten. Dieser läuft mit mehr oder weniger Spektakel in Form von Lauten und Gesten für den Hund sicht- und hörbar weg. Der Hund wird somit angereizt, dem Menschen hinterherzujagen. Der Hund tut dies auch, nachdem er losgelassen wird, und nutzt dabei die Augen und gegebenenfalls auch die Ohren.

VIDEO

Antrailen

Das Umschalten auf die im Mantrailing zwingend notwendige Nase muss dann im weiterfolgenden Training erst noch aufgebaut werden. Wurde der Hund zu Anfang auf die Augen geprägt, versucht er später in schwierigen Geruchslagen immer wieder, die Lösung hierüber zu erzielen. Das empfinden wir als nachteilig und ist zudem nicht notwendig.

Die von uns praktizierte ruhigere Art des Antrailens lehnt sich an die »Schweißarbeit« (Schweiß meint hier das Blut des Wildes) der Jäger an. Sie fördert vom ersten Trail an die Nasenarbeit und erfolgt entspannt und ohne Sichtkontakt zum gesuchten Menschen. Schließlich scheucht auch der Jäger kein Reh für den Hund auf, damit der ihm zu folgen lernt.

Für die Schweißarbeit wird eine kurze Tropfspur gelegt, an deren Ende eine leckere Futterbelohnung wartet. Es gibt Jäger, die unterwegs Leckerchen auf die Spur legen, um den Hund in der Arbeit zu bestätigen, andere verzichten darauf. Da wir erfahrungsgemäß mit unserem Training ganz ohne diese zusätzliche Bestätigung unterwegs auskommen und unseren Hunden nicht beibringen wollen, selbständig Futter vom Boden aufzunehmen, verzichten wir darauf. Im Unterschied zur Jagdarbeit trainieren wir sehr viel im urbanen Gebiet und das Auslegen von Leckerchen birgt hier mehr Gefahren als Nutzen.

Gleich ist jedoch, dass der Hund in unserem Training vom ersten Tag an lernt, seine Nase zu benutzen und sich ausschließlich auf diese zu verlassen.

Wie für uns das ideale Antrailen aussieht, erklären wir euch später im Trainingsplan.

Versteckperson (auch Runner genannt)

Die Versteckperson (VP) ist diejenige Person, die wir gemeinsam mit dem Hund suchen und finden wollen. Wir nehmen ihren Geruch und sie läuft eine Strecke und »legt« damit die Spur bzw. den Trail.

Da die Hunde sich schnell gewöhnen, ist es sehr wichtig, die Versteckpersonen immer wieder zu wechseln. Feste Trainingsgruppen profitieren davon, wenn Familienmitglieder oder Freunde als Versteckpersonen für die anderen Teams mitwirken. Dies bietet den Hunden Abwechslung und neue Geruchsprofile. Hier kann auch gerne nach Mitgliedern anderer Kulturkreise oder Altersklassen Ausschau gehalten werden, da sich die Gerüche teilweise stark unterscheiden. Je vielfältiger die Versteckpersonen gewählt sind, desto weniger spezialisiert sich der Hund und desto leichter fällt es ihm, auch eine »außergewöhnlich« riechende Person zu riechen.

Familienmitglieder als erfahrene Versteckpersonen sind »Gold wert«.

Hier kann auch gerne nach Mitgliedern anderer Kulturkreise oder Altersklassen Ausschau gehalten werden, da sich die Gerüche teilweise stark unterscheiden. Je vielfältiger die Versteckpersonen gewählt sind, desto weniger spezialisiert sich der Hund und desto leichter fällt es ihm, auch eine »außergewöhnlich« riechende Person zu suchen.

Backup (auch Flanker genannt)

Der Backup sichert Mensch und Hund nach hinten ab, damit der Hundeführer sich mit allen Sinnen auf seinen Hund einstellen und mit ihm in die Welt des Trails eintauchen kann.

Müsste der Hundeführer seine Aufmerksamkeit aufteilen und neben den Informationen, die er von seinem Hund bekommt, auch noch auf den Verkehr und andere Umgebungsreize achten, würde es für ihn viel schwieriger, genau auf seinen Hund zu achten. Er könnte dann schlichtweg nicht 100%ig beim Hund sein.

In unseren Trainings übernimmt der Trainer diese Aufgabe, in den höheren Prüfungsstufen nach der Prüfungsordnung des Competence Center Mantrailing, in dem wir die Leistung unserer Teams überprüfen, sucht sich der Hundeführer einen Flanker, der ihn in der Prüfung begleiten muss. Gleichzeitig kann der Flanker auch dazu dienen, um sich mit ihm zu beraten, gedankliche Anker zu werfen, wenn der Hund sich an bestimmten Orten auffällig verhält, und den Hundeführer an bestimmte, zuvor besprochene Dinge zu erinnern.

Außerdem trägt er das Wasser sowie andere Utensilien für das Team mit sich.

Es ist wichtig, dass sich der Hundeführer absolut wohl und sicher mit seinem Backup fühlt. Nur so kann er in seiner Kraft laufen und mit seiner Konzentration absolut beim Hund sein.

Trainerspur

Neben dem Trail (Spur der Versteckperson) läuft häufig auch der Trainer eine Spur, um sich das Gelände anzusehen und das Ende des Trails kennenzulernen. Gerade in den Anfängen, im Aufbau des Teams, ist dies zur Absicherung notwendig. Diese Trainerspur darf auf keinen Fall interessanter für den Hund sein als die Spur der Versteckperson. Sie sollte deshalb entweder gar nicht zum Versteck führen oder über eine längere, weitere Strecke als die Spur der Versteckperson führen. Weiterhin sollte sie auch unattraktiver und unbequemer für den Hund sein, damit er gar nicht erst in die Versuchung kommt, der Trainerspur zu folgen.

Die Trainerspur ist die Spur, die auch bei wechselnden Versteckpersonen immer vorliegt. Deshalb ist die Versuchung für den Hund sehr groß, sich diese Spur als Anhaltspunkt zu wählen, und deshalb ist es für den Trainer, der eine saubere Ausbildung anstrebt, umso wichtiger, dem von Anfang an konsequent entgegenzuwirken.

Spurdifferenzierung

Unter Spurdifferenzierung versteht man das Unterscheiden verschiedener Spuren. Der Hund muss lernen, alte Spuren der Versteckperson unberücksichtigt zu lassen ebenso wie die frischen Spuren des Trainers oder die anderer Gruppenmitglieder, die sich vielleicht früher einmal für diesen Hund versteckt haben und damit interessant für ihn sind. Auch Spuren von Familienmitgliedern und Freunden muss er links liegen lassen.

Es ist von entscheidender Bedeutung, dies von Anfang an, kleinschrittig und gut durchdacht zu trainieren.

Verleitperson

Um die Spurdifferenzierung sinnvoll aufgebaut zu üben, schickt der Trainer neben der Versteckperson ab einem bestimmten Ausbildungsstand auch eine oder mehrere Personen aus der Trainingsgruppe ins Trainingsgebiet. Diese verleiten den Hund auf ihre Spur, die der Hund jedoch ignorieren soll, und werden deshalb Verleitperson/-en genannt.

Alt drunter

Der Hund soll lernen damit zurechtzukommen, dass nicht nur eine aktuelle Spur der Versteckperson im Trainingsgebiet vorliegt, sondern auch ältere Spuren dieser Person vorhanden sind. Ziel ist, dass er allein der frischesten Spur folgt. Aufgrund des Alters der einander überlagernden Spuren, spricht man vom »alt drunter«, wenn diese ältere Spuren vorhanden sind und im Training bewusst eingebaut werden.

Je älter die Spuren sind, desto leichter fällt es dem Hund, sie instinktiv zu ignorieren, weil sie deutlich wahrnehmbar »älter« riechen. Je näher sie zeitlich an die Gegenwart liegen, je frischer sie sind, desto mehr muss der Hund tüfteln.

Frisch drüber

Vom »frisch drüber« spricht man, wenn interessante andere Spuren vom Trainer oder von Verleitpersonen zu einem späteren Zeitpunkt über die Spur der Versteckperson gelegt wurden. Die Spuren sind dann frischer (liegen im Hinblick auf die Spur der Versteckperson »drüber«) und sind für den Hund damit interessant. Er soll diese jedoch ignorieren.

Je größer der zeitliche Abstand ist, desto schwieriger wird es für den Hund dem »frisch drüber« zu widerstehen, da er instinktiv von der frischesten Spur den größten Jagderfolg erwartet.

Splitting

Wenn sich zwei Spuren, z.B. die der Versteckperson und die einer Verleitperson trennen/splitten, spricht man von Splitting. Der Hund soll hier ebenfalls differenzieren und der richtigen Spur folgen.

Ein zeitlich verzögertes Splitting ergibt verschiedene Schwierigkeitsgrade. Geht zuerst die Verleitperson weiter und die Versteckperson erst später, ist es einfacher für den Hund. Gehen beide gleichzeitig wird es schwieriger, und noch schwieriger wird es, wenn die Versteckperson zuerst geht und die Verleitperson deutlich später. Auch hier liegt die Schwierigkeit im Instinkt begründet, der sich von der frischesten Spur den größten Erfolg verspricht.

Geruchspool

Die Ansammlung des Geruchs eines Menschen oder einer Gruppe von Menschen bezeichnen wir im Mantrailing als Geruchspool. Verschiedene Bezeichnungen des Geruchspools unterscheiden verschiedene Arten von Ansammlungen. So gibt es zum Beispiel den Wohnpool: Der Geruch einer Person wird im Bereich der Wohnung über Jahre hinweg überlagernd gesammelt und über die Fläche verbreitet.

Für Hunde ist es aufgrund der unendlichen Vielzahl der Spuren schwer, innerhalb des Wohnpools eine frische Spur zu differenzieren.

Verschiedene Arten von Geruchspools

Gehpool

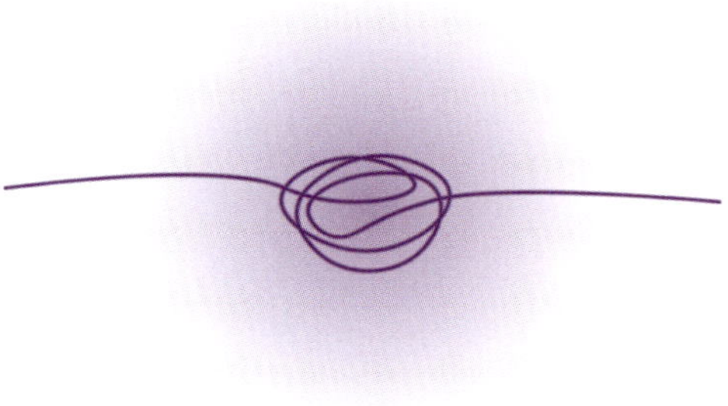

Stehpool

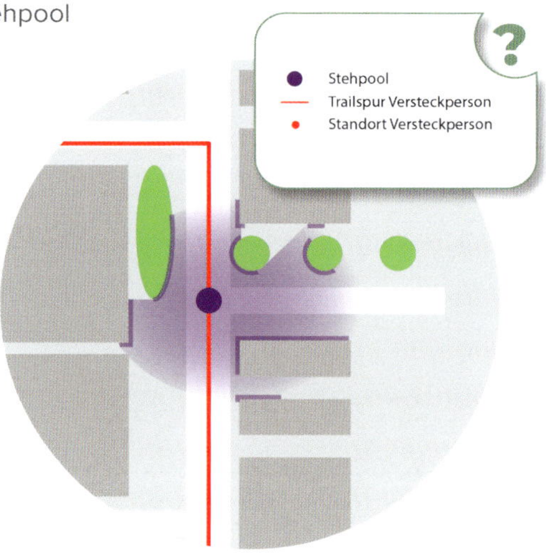

Endpool

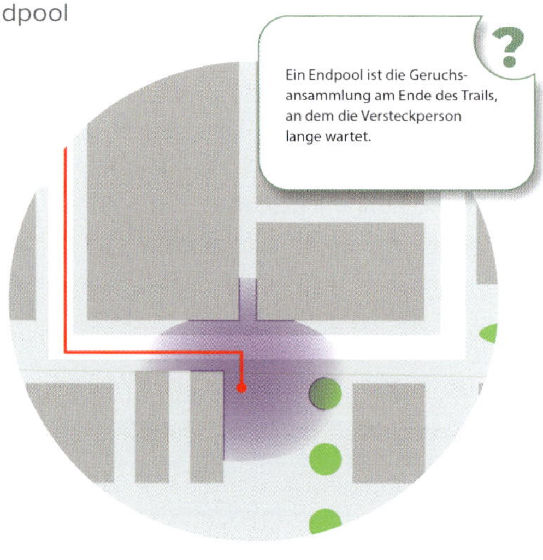

Ein Stehpool entsteht, wenn eine Person lange an einer Stelle gestanden hat und sich ihr Geruch dort vermehrt ansammeln und verbreiten konnte. Ähnlich verhält es sich bei einem Gehpool, wenn die Person z.B. auf einem Platz viel umher gegangen ist, bevor sie diesen wieder verlassen hat.

Unter dem Endpool versteht man die Geruchsansammlung am Ende eines Trails, an dem die Versteckperson lange wartet.

Der Startpool entsteht häufig am Treffpunkt einer Trainingsgruppe. Wenn hier ein Hund nach zwei Stunden angesetzt wird, muss er die entstandene Geruchsansammlung ausarbeiten und den frischesten Weg aus dem Startpool herausfinden.

Wenn die Strecke zwischen Start- und Endpool sehr kurz ist, spricht man von Start-Endpool.

Singleblind

Bei einem Singleblind ist dem Hundeführer der Trail unbekannt, die ihn begleitende Person (Trainer oder Backup) jedoch kennt ihn. Somit kennt eine von zwei Personen den richtigen Trailverlauf, die andere Person nicht, sie ist »allein blind« unterwegs.

Welche Schwierigkeiten hier für die wissende Person entstehen, könnt ihr unter »Lesbar laufen als Trainer« lesen.

Doubleblind

Die Königsdisziplin in der Leistungsüberprüfung. Hier kennt keiner den Trail, weder Hundeführer noch die begleitende Person. Beide sind blind für den richtigen Verlauf.

Beim Doubleblind (auch DB abgekürzt) zeigt sich deutlich, ob das Team sauber aufgebaut ist und funktioniert.

Trainingsfehler zeigen sich darin, dass man schlichtweg nicht ankommt oder nur zufällig zur VP gelangt. Genauso wird gutes Training sichtbar, wenn der Hundeführer den Hund versteht und die Geschichte zum Trail erzählen kann.

Wir bauen die Doubleblinds kleinschrittig auf und beginnen erst damit, wenn das Team über alle nötigen Werkzeuge verfügt, um sich der Herausforderung zu stellen.

Ebenso nehmen wir die Arbeit auf Video auf, um sie im Anschluss zu analysieren. Dies kann schmerzhaft sein, wenn es nicht gut lief, aber auch begeisternd, wenn man vor Augen geführt bekommt, wie gut man bereits als Team arbeitet.

Versteckperson und Team zeichnen ihre Trails mit einem GPS-Gerät, einem Tracker oder mittels einer App auf dem Handy auf, und legen diese im Anschluss übereinander.

Zusammen mit dem Video kann man so die aufgetretenen Schwierigkeiten gut analysieren und gewinnt ein Bild von den noch anstehenden Trainingsaufgaben.

Da das Doubleblind wie oben beschrieben die Königsdisziplin darstellt und wir in diesem Buch über die erste Dimension im Mantrailing berichten, bleiben wir hier ausschließlich im Bereich des Singleblind.

Wissend laufen

Vom »Wissend laufen« wird gesprochen, wenn auch der Hundeführer den Trailverlauf kennt, er also den richtigen Weg kennt. Da es für den Hundeführer äußerst schwierig ist, in Entscheidungen neutral zu bleiben, ist dies jedoch nur mit äußerster Vorsicht und sehr selten einzusetzen.

Im normalen Training verzichten wir völlig darauf, weil die Hundeführer erst einmal lernen sollen, ihren Hund zu lesen und ihm zu vertrauen.

An der Körpersprache und Fußstellung der Trainerin ist genau zu erkennen, dass der Hund zuvor abbiegen sollte.

Lesbar laufen als Trainer

Wenn der Trainer, der den Trail kennt, aufgrund seiner Körpersprache oder auch einer wiederkehrenden Wortwahl dem Hund verrät, ob er richtig oder falsch liegt, sprechen wir davon, dass er für den Hund lesbar ist. Es besteht die Gefahr, dass er lernt, sich auf den Trainer zu verlassen statt mit seiner Nase die Spur zu arbeiten. Unser Ziel ist natürlich, dass der Hund seiner Nase folgt und nicht der Körpersprache oder Wortwahl des Trainers, denn der soll im höheren Leistungsstand nicht mehr gebraucht werden, und vor allem im Einsatz darf das Team nicht von ihm abhängig sein.

Die wissende Person muss deshalb im Training peinlich genau darauf achten, nicht für den Hund lesbar zu sein. Das ist leichter gesagt als getan, denn Hunde sind Meister im Lesen von Körpersprache und sehr fein in ihrer Wahrnehmung. Zudem ist ihr Blickfeld sehr viel weiter als das unsrige, sodass sie viel mehr von dem wahrnehmen, was hinter ihnen passiert.

Stehen zum Beispiel in einer Entscheidung die Füße der wissenden Person in die richtige Richtung, wird es nicht lange dauern, bis der Hund diesen Umstand als Hilfe zur Lösung in Anspruch nimmt. Auch leicht eingedrehte Schultern oder ein Blick in die richtige Richtung werden gern genommen.

Die Möglichkeiten sind vielfältig, und es gilt hier sehr pingelig und genau zu sein, um einen sauber arbeitenden Hund zu fördern.

Besonders schwierig wird es, wenn die Spurlage aufgrund von Wind, Thermik oder Einflüssen wie Autos, Bahn usw. seitlich verschoben wurde, der Trainer sich jedoch in seiner Lesbarkeit genau auf die ursprüngliche Laufstrecke der Versteckperson beruft oder gar den Hundeführer darin hindert, den Hund frei arbeiten zu lassen, sodass der Hund über eine Strecke geschoben wird, die er mit der Nase nicht als Spur erkennt. Kommt der Hund dann hierüber wieder auf die Spur und zum Ziel mit der Belohnung, wird er sich künftig nur noch auf die Traineraussagen verlassen, weil er sich selbst nicht mehr traut bzw. denkt, dass seine Aufgabe im Lesen des Trainers besteht statt in der Nasenarbeit. Ein fataler Fehler im Aufbau!

Ebenso schnell sind die Hunde auf Wörter des Trainers zu prägen. Sagt er nach jeder richtigen Entscheidung »Richtig!«, wird der Hund anfangen, sich hieran zu orientieren. Fehlt dieses Wort eines Tages einmal, wird der Hund unsicher werden, wenden und alles noch einmal überprüfen und vergeudet damit Zeit und

Kraft, weil er falsch geprägt wurde. Deshalb ist es für den Trainer wichtig, einen variablen Wortschatz zu entwickeln. Wir empfehlen beispielsweise: *Richtig, passt, ja, jo, gut, genau, das stimmt*. Leider sind ganze Sätze, die sich dem Hund weniger schnell erschließen, im tatsächlichen Training eher untauglich, da die Bestätigung für den Hundeführer oft sehr schnell kommen muss, damit er entsprechend sicher weiterarbeiten kann.

Die Spur überlaufen

Wenn ein Team an einem Abbieger nicht der Spur um die Ecke folgt, sondern geradeaus weiterläuft, nennt man dies »die Spur überlaufen«. Für das Team ist es wichtig, dies möglichst bald zu erkennen, um wieder auf die Spur zu kommen.

Atypische Abgänge

Hierunter versteht man – zumeist seitliche – Abbieger der Spur, die auf den ersten Blick nicht zu erkennen sind. Das können kleine Durchgänge zwischen Hecken, durch Tore oder erst sehr spät erkennbare Fußgängerwege sein, die von der zu suchenden Person als Wegstrecke gewählt wurden. Die Schwierigkeit für den Hund besteht darin, dass er hier sehr genau arbeiten muss, um die Spur nicht zu überlaufen. Gerade schnellen Hunden fällt dies schwer.

Opferbild

Der Hund gewöhnt sich sehr schnell an gleichbleibende Faktoren im Training. Wenn er über einige Zeit die Versteckperson nur stehend

Liegende Versteckperson.

Anzeige durch Vorsitz.

auffindet, wird er sich dieses Bild des »Opfers« (das von der Versteckperson gespielt wird) einprägen. Bei liegenden oder sitzenden Personen wird er Schwierigkeiten bekommen, sie als potenzielle Versteckperson in Betracht zu ziehen. Es ist also wichtig, verschiedene Opferbilder einzuüben und hier möglichst vielfältig zu sein: sitzend, stehend, liegend, auf dem Boden, einer Bank, in einer Hecke, den Hund anschauend oder sich abwendend. Die Opferbilder sollen anfangs einfach sein und sich mit der Ausbildung des Hundes erweitern und immer schwieriger werden.

Zugriff und Anzeige

Der Zugriff beschreibt den Augenblick, in dem der Hund am Ende des Trails die gesuchte Person findet und deutlich anzeigt.

Die Anzeige kann je nach rassetypischem Verhalten oder Vorliebe des Hundes und Hundeführers bzw. auch des Trainers gewählt werden, z.B. durch Vorsitzen, Ablegen, Anstupsen, Anspringen oder Verbellen erfolgen; manche Hunde starren die Person auch einfach nur so penetrant an, dass außer Frage steht, dass es sich um die gesuchte Person handelt.

Wir favorisieren ein Vorsitzen, weil es eindeutig, bei jeder Versteckperson gefahrlos möglich und geräuscharm ist.

Spur-Witterungs-Konflikt

Riecht der Hund den Spurverlauf in eine Richtung und die Witterung der gesuchten Person oder eines frischeren Spurabschnitts in eine andere, stellt dies für den Hund einen Konflikt dar, der Spur-Witterungs-Konflikt genannt wird. Instinktiv würde er die Witterung für seine Richtungsentscheidung favorisieren, da der frischere Geruch erfolgversprechender für den Zugriff ist.

Entscheidet sich der Hund hier für die Witterung statt für die Spur, darf er auf keinen Fall daran gehindert werden, weil dies einen Eingriff in sein eigenständiges Arbeiten bedeuten würde. Hindern wir ihn daran, der frischesten Spur zu folgen, empfindet er das als Logikfehler, der ihn daran zweifeln lässt, die Aufgabe richtig verstanden zu haben. Legen wir ihm im Training häufiger Aufgaben mit Spur-Witterungs-Konflikten, die er über die Witterung abkürzen kann, wird er sich immer weniger an die Spur binden und mehr über die Witterung arbeiten. Damit entfernen wir uns immer mehr vom Inhalt des Mantrailing.

Im weiterführenden Training kann es sinnvoll sein, Spur-Witterungs-Konflikte zu legen, die der Hund nicht über die Witterung lösen kann, um den Hund herauszufordern.

Dies ist jedoch nur bei bestimmten Hundetypen sinnvoll und auch erst im höheren Ausbildungsstand, sodass wir in der ersten Dimension vollständig darauf verzichten.

Treppenartige Trails

Um Spur-Witterungs-Konflikte im Training zu vermeiden, werden die Trails in der ersten Dimension ausschließlich treppenartig gelegt. Dies stellt sicher, dass die Witterung immer in die Richtung der frischeren Spurabschnitte und der versteckten Person führt.

Ein treppenartiger Trail

SUCH
HUND

THEORETISCHES

Hintergrundwissen

Wie riecht der Hund?

Hunde sind Makrosmatiker

Für unsere Hunde hat ihr hochentwickelter Geruchssinn verschiedene Funktionen: Er dient der Futtersuche, der Reproduktion, er hat eine soziale Bedeutung, dient der Orientierung im Gelände, er hat eine schützende Funktion und noch einiges mehr. Hunde sind sogenannte **Makrosmatiker** oder **Makrosmaten** (griechisch »Großriecher«), Lebenwesen, bei denen der Geruchssinn sehr gut entwickelt ist und eine besonders wichtige Rolle innerhalb der Sinne spielt.

Lebewesen mit einem ausgeprägten Geruchssinn zeichnen sich dadurch aus, dass bei ihnen ein besonders großer Anteil der Nasenschleimhaut mit Riechzellen überzogen ist. Man nennt diese Bereiche Riechepithel (*Regio olfactoria*). Das Riechvermögen eines Lebewesens wird wesentlich durch die Anzahl der Riechzellen im Riechepithel mitbestimmt – es hängt aber ebenso von weiteren Faktoren wie der Ausstattung mit Rezeptortypen, der Rezeptordichte und der Verarbeitung im Riechhirn ab. Die Riechzellen sind primäre Sinneszellen und im Riechepithel angesiedelt, einem Gewebe, das ausschließlich auf die Wahrnehmung von Gerüchen spezialisiert ist.
Die Anzahl der Riechzellen im Riechepithel variiert sehr stark, sogar von Hund zu Hund. Dackel haben geschätzt 125 Millionen Riechzellen, während ein Schäferhund über ungefähr 220 Millionen Riechzellen verfügt und ein Bloodhound über 300 Millionen. Im Vergleich dazu haben wir Menschen mit etwa fünf Millionen verhältnismäßig wenige Riechzellen. Die Größe des Riechepithels, das die Riechzellen trägt, wird unter anderem durch Körpergröße und Schädelform des Hundes beeinflusst.
Bei kleinen Hunden ist die Fläche der Riechschleimhaut in der Regel geringer als bei großen Hunden. Daher verfügen großnasige Rassen wie der Bloodhound im Durchschnitt über deutlich mehr Riechzellen als sehr kleine Hunderassen, ohne dass dies allein über die tatsächliche Riechleistung entscheidet. Ebenso ist die Schädelform von Bedeutung. Kurznasige (brachycephale) Hunde verfügen aufgrund der verkürzten Nasenregion in der Regel über weniger Raum für die Riechschleimhaut und damit über weniger Platz für Riechzellen als langnasige (dolichocephale) Hunde.

Zusammenfassend lässt sich sagen: Je größer das Riechfeld ist, desto mehr Riechzellen finden dort Platz und desto größer ist grundsätzlich das Potenzial zur Geruchswahrnehmung – wie fein ein Hund tatsächlich riecht, wird jedoch durch weitere anatomische und neurobiologische Faktoren bestimmt.

Ein interessanter Fakt zu den Riechzellen: Riechzellen haben eine relativ kurze Lebensdauer. Sie sterben schon nach wenigen Wochen ab und werden durch neue Riechzellen ersetzt. Damit zählt das Riechepithel zu den wenigen Nervengeweben, die sich ständig aus Stammzellen erneuern. Makrosmatiker – also Lebewesen, bei denen der Geruchssinn besonders gut ausgeprägt ist, wie Hunde – haben nicht nur eine gute Nase, auch ihr Riechhirn, also das Areal, das im Gehirn für die Verarbeitung von Geruchseindrücken verantwortlich ist, ist entsprechend stark und gut ausgebildet. Wenn wir die Größe der Riechhirne von Mensch und Hund vergleichen, stellen wir fest, dass das Riechhirn des Hundes etwa 40 Mal größer ist. Das Riechhirn selbst nimmt beim Hund etwa 10 % des gesamten Gehirns ein.

Bei Säugetieren liegt die Rezeptionszone des olfaktorischen Systems in der inneren Nase. In jeder Nasenhöhle befinden sich mehrere, stark verzweigte Nasenmuscheln von den Nasenaußenwänden nach innen ragende, wulstartige Gebilde, die Nasenmuscheln (*Conchae nasales*), die den Luftstrom lenken. Das olfaktorische Gebiet ist auf die Riechschleimhaut oberhalb der oberen Nasenmuschel beschränkt. Dieses Gebiet wird auch als Geruchsorgan (*Organum olfactus*) bezeichnet. Es zeichnet sich durch eine gelbe bis braune Farbe und enthält die auf die Wahrnehmung von Duftmolekülen spezialisierten Sinneszellen. Die Nasenhöhle ist also unterteilt, und zwar in den respiratorischen Teil, in dem die Atemluft vorgewärmt und angefeuchtet wird, und den olfaktorischen (riechenden) Teil. Die Anfeuchtung der Atemluft erfolgt durch Drüsen in der Nasenschleimhaut.

Der größte Teil der Atemluft strömt am Gaumen entlang über den respiratorischen Teil direkt in die Lunge. Der Weg der Luft führt hierbei über die ventrale (= zur Vorderseite des Körpers gelegene) Nasenmuschel und die Nasenschleimhaut, die *Regio respiratoria*.

Der kleinere Teil der Atemluft wird weiter oben über die dorsale (= rückseitig gelegene) Nasenmuschel zur Riechschleimhaut, *Regio olfactoria* geleitet,also dem riechenden Teil der Nase. Dass der riechende Teil der Nase relativ weit hinten sitzt, hat einen Vorteil: Er ist dort gut geschützt vor äußeren Einflüssen.

Das Riechen unterscheidet sich vom normalen Atmen (durch Nase, Rachen, Lunge) und vom Hecheln (Einatmung durch die Nase, Ausatmung durch Rachen, Maul). Da beim Riechvorgang die Luft durch die Nase weit nach hinten oben eingesaugt wird, steigen Luftfluss und Volumen massiv an. Die in der Luft enthaltenen Stoffe werden in wasser- oder fettlöslicher Form in der Schleimhaut an die Sinneszellen gebracht, dort in elektrische Impulse umgewandelt und von den Nerven zum Gehirn weitertransportiert. Dort erfolgt die Verarbeitung.

Die Hundenase

Die Nasenlöcher des Hundes sind nicht einfach nur Öffnungen wie bei uns: durch eine flügelähnliche Klappe wird der Luftstrom beim Ein- und Ausatmen gelenkt. Diese Klappe öffnet sich vor dem Luftstrom und schließt sich direkt dahinter wieder. Atmet der Hund ein, entstehen so Öffnungen oberhalb und seitlich der Klappe. Atmet der Hund aus, schließen sich diese Öffnungen und die Luft strömt aus den seitlichen Schlitzen aus.

Durch die spezielle Anatomie der Hundenase ist es dem Hund möglich, nicht in die Richtung

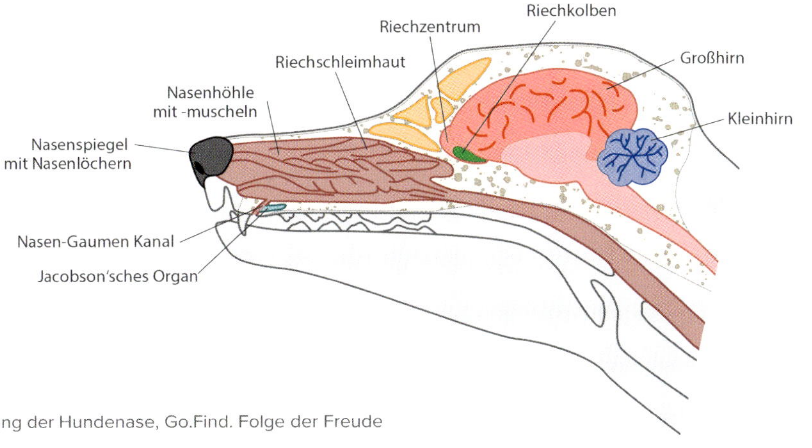

Schematische Darstellung der Hundenase, Go.Find. Folge der Freude

auszuatmen, in der er etwas zu riechen versucht. Der Hund saugt den spannenden Geruch durch die Nasenlöcher in die Nase ein und atmet die Luft durch die seitlichen Nasenschlitze wieder aus. Das ermöglicht es ihm, selbst einen sehr schwachen Geruch wahrzunehmen, ohne ihn durch die ausgeatmete Luft zu stören oder zu verdünnen. Durch den Luftstrom beim Ausatmen weicht die ausgeatmete Luft seitlich nach hinten und unten, wodurch erstens die Geruchsquelle vor der Nase nicht verwirbelt wird und zweitens in Bodennähe ein Unterdruck direkt vor der Nase entsteht. Hierdurch strömt die Umgebungsluft in Richtung Nasenlöcher, wird beim erneuten Einatmen der Nase zugeführt, so dass der Hund beim nächsten Atemzug noch mehr Duftmoleküle aufnimmt.

Im Gegensatz zu den meisten anderen Sinnen (sehen, hören) zeigt der Geruchssinn eine funktionelle Lateralisation. Obwohl beide Nasenlöcher Informationen an beide Gehirnhälften weiterleiten, werden Geruchsreize aus dem rechten Nasenloch bevorzugt in der rechten Gehirnhälfte verarbeitet, während Reize aus dem linken Nasenloch eher der linken Gehirnhälfte zugeordnet sind (Royet & Plailly 2004).

Die beiden Nasenlöcher sind für bestimmte Aufgaben präferiert: Neue Gerüche beriechen Hunde zuerst mit dem rechten Nasenloch und erst anschließend – bei wiederholter Erschnüffelung desselben Geruchs – wird auch das linke Nasenloch eingesetzt. Findet der Hund unangenehme Gerüche vor, wird ausschließlich das rechte Nasenloch – auch bei wiederholter Präsentation – eingesetzt.

Diese Ergebnisse stimmen mit dem Muster der Verarbeitung von Informationen im Gehirn überein. Neue Informationen werden von der rechten Hälfte des Gehirns bearbeitet, die linke Hirnhälfte schaltet sich ein, sobald es sich um eine wiederholte oder Routine-Information handelt. Weiterhin ist die rechte Hirnhälfte fast ausschließlich für die Bearbeitung von starken Emotionen – wie Angst oder Aggression – zuständig.

Der Geruchssinn und der Riechvorgang

Der Geruchssinn ist ein chemischer Sinn, wie übrigens auch der Geschmackssinn, während das Hören und Sehen physikalische Sinne sind, deren Rezeptoren mit physikalischen Reizen interagieren.

Beim Riechvorgang werden die flüchtigen Stoffe aus der Luft in eine wasserlösliche oder fettlösliche Form überführt. Grob zusammengefasst funktioniert der Vorgang folgendermaßen: In der Riechschleimhaut sitzen die Riechzellen. Diese schieben für die Geruchsaufnahme ihre Dendriten (kurze Fortsätze) bis zur Gewebeoberfläche und strecken einen Schopf feiner Sinneshärchen, sogenannte chemosensorische Cilien (Riechhärchen), aus der Oberfläche in das Naseninnere heraus, an denen die Geruchsmoleküle andocken.
Nach der Abscheidung der Duftstoffe an der Riechschleimhaut aktivieren sie die Riechzelle, die das Geruchsignal weiterleitet. Der chemische Duftreiz wird dafür in ein elektrisches Signal umgewandelt.

Detaillierter betrachtet sind in die Membran der Cilien wiederum spezielle Rezeptorproteine eingelagert. Sie besitzen Andockstellen für bestimmte Duftmoleküle: Die Duftstoffe binden beim Riechvorgang an die Rezeptoren und aktivieren so die Riechzelle. Dabei aktiviert jedes Geruchsmolekül mehrere verschiedene Rezeptortypen in verschiedenen Kombinationen und unterschiedlicher Stärke. So entsteht ein komplexes zusammengesetztes elektrisches Signal mit sehr vielen Variationsmöglichkeiten.

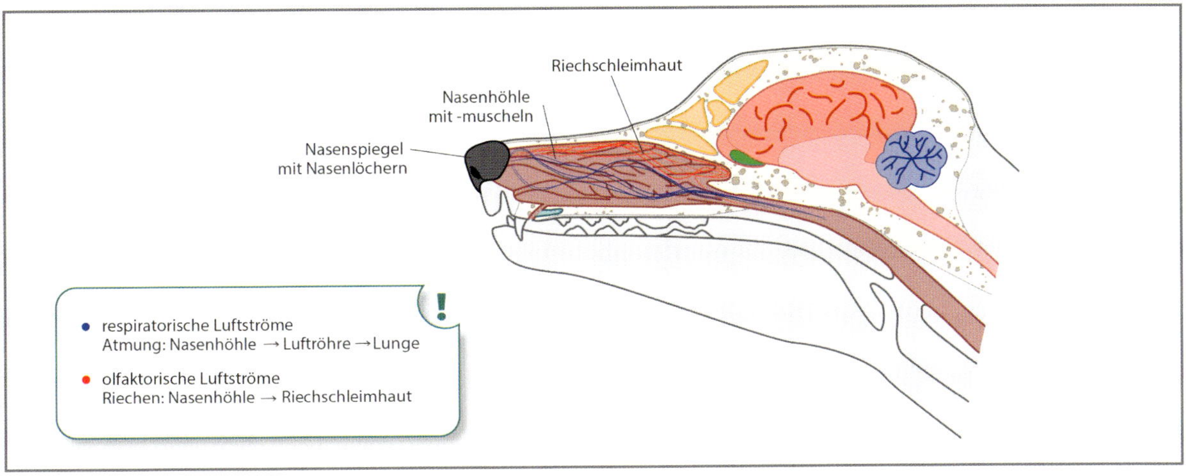

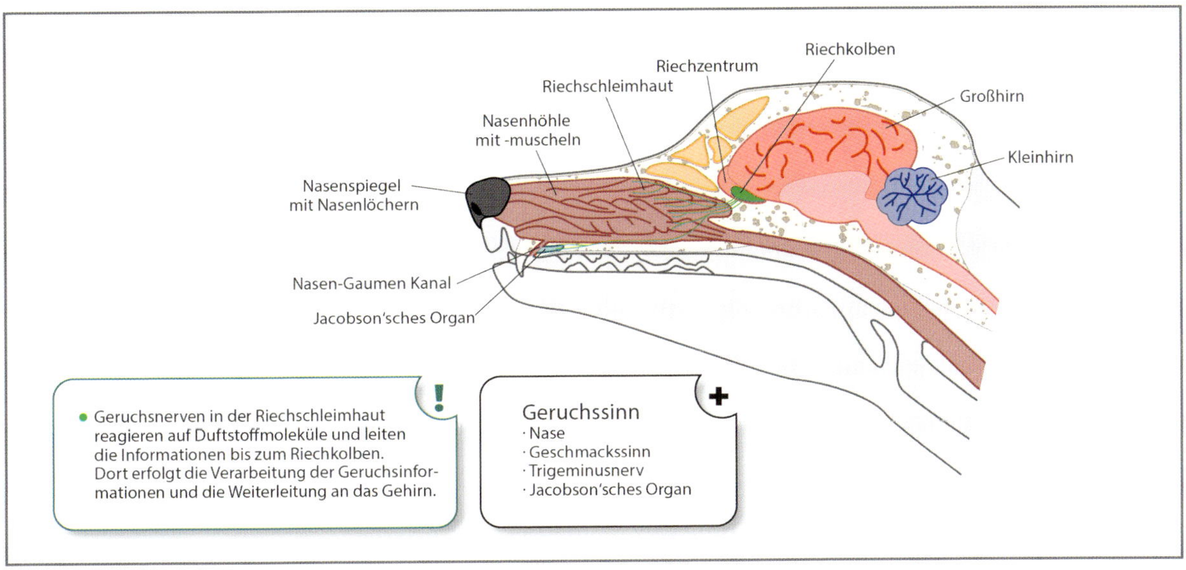

Eine Ratte verfügt über 1200 verschiedene Rezeptorproteine, Hunde besitzen 900 und Menschen 380. Mit unseren 380 verschiedenen Rezeptorproteinen können wir mehrere Tausend Gerüche unterscheiden. Das gibt uns eine grobe Vorstellung davon, wie viel mehr der Hund unterscheiden kann. Die Gesamtzahl der Rezeptoren ist abhängig von der Dichte der Rezeptoren in der Cilienmembran. Hunde haben circa 100 Mal mehr Rezeptoren pro Quadratzentimeter als der Mensch. Dadurch wird deutlich, dass die Riechleistung nicht nur von der Größe des Riechepithels und der Anzahl der Riechzellen sowie der Größe des Riechhirns abhängig ist, sondern auch der Dichte der Rezeptoren. In allen Punkten ist uns der Hund deutlich überlegen.

Die Riechzelle leitet, ganz vereinfacht gesagt, das Geruchssignal weiter in den Riechkolben (Bulbus olfactorius). Der Riechkolben verarbeitet daraufhin die Geruchssignale und sendet sie an das Gehirn.

Im Gegensatz zu allen anderen Sinneseindrücken gelangen die Geruchsinformationen von der Nase, neben anderen Verarbeitungsschritten, direkt zur Hirnrinde, ohne zuvor im Thalamus umgeschaltet worden zu sein. Der Thalamus gilt als »Tor zum Bewusstsein«, da er die Durchgangsstation für sämtliche Informationen an die Großhirnrinde (Cortex) ist. Er entscheidet, welche Eindrücke in das Bewusstsein vordringen und welche aussortiert werden, bevor sie bewusst wahrgenommen werden. Da der Geruchssinn nicht, wie andere Sinnesmodalitäten, vom Thalamus vorgefiltert wird, werden Gerüche häufig unmittelbar wahrgenommen und emotional bewertet, noch bevor eine bewusste Einordnung erfolgt. Daher können wir uns Geruchseindrücken oft nicht direkt entziehen und eine bewusste Einordnung erfolgt häufig erst nachgelagert. Die Geruchsinformation läuft übrigens auch bei uns Menschen von der Nase direkt zur Hirnrinde. Allerdings wird im späteren Verlauf der Geruchsverarbeitung der Thalamus noch angesteuert, um Gerüche bewusst wahrzunehmen und zu verarbeiten.

Weitere Komponenten der Geruchsverarbeitung:
Der Geruchssinn ist beim Hund nicht allein über die Nase erklärt. Für die Geruchsverarbeitung spielen neben der Nase

- der Geschmackssinn (Geschmacksknospen auf der Zunge mit Sinneszellen)
- der Trigeminusnerv (freie Nervenendigungen auf Zunge und in der Riechschleimhaut mit direkter Verbindung zum Hirnstamm)
- das Jacobson'sche Organ (funktioniert wie eine Saug-Druckpumpe und enthält spezielle Rezeptoren für Pheromone und weitere sozial und reproduktionsrelevante chemische Signale)

eine wichtige Rolle.

Der Geschmackssinn

Der Geschmackssinn lebt von den Geschmacksknospen, die sich auf der Zunge befinden. In den Geschmacksknospen sind 30–70 Sinneszellen enthalten, die folgende Qualitäten wahrnehmen:

- süß
- sauer
- bitter
- salzig
- umami

Auf der menschlichen Zunge befinden sich ca. 9.000 Geschmacksknospen, wohingegen es bei dem Hund nur ca. 1.700 sind. Der Geschmackssinn des Hundes ist also deutlich weniger ausgeprägt als der des Menschen und nimmt zusätzlich mit dem Alter ab.

Insbesondere Salziges nehmen Hunde kaum wahr. Der Hintergrund ist, dass Fleischfresser wie der Hund in der Regel nicht unter Salzmangel leiden, da sie über das Fleisch und die Körperflüssigkeiten der Beutetiere genügend Salz aufnehmen. Eine Suche nach weiteren salzigen Nahrungsmitteln ist daher nicht nötig.

Bitter schmeckende Nahrung meiden sie in der Regel komplett, da der Geschmack wahrscheinlich mit »unverträglich« verknüpft wird. Süßes hingegen mögen Hunde häufig gerne. Der Geschmackssinn dient damit in erster Linie der Kontrolle der Nahrung.

Der Trigeminusnerv

Der Trigeminusnerv ist der dreiästige Gesichtsnerv, der mit dem »Trigeminusriechen« einen erheblichen Anteil (schätzungsweise ca. 30 %) der Geruchsempfindung ausmacht.

Er ist der 5. der 12 Gehirnnerven und führt sensible und motorische Fasern, mit denen er weite Teile des Kopfes erreicht. Der Trigeminus teilt sich auf in den Augenast *(Nervus opthalmicus)*, den Oberkieferast (*Nervus maxillaris*) und den Unterkieferast (*Nervus mandibularis*). Er verfügt nicht über Sinneszellen oder Rezeptoren, die Reizwahrnehmung findet stattdessen in freien sensiblen Endbereichen des Nervs statt.

Folgende Geruchstypen werden über den Trigeminusnerv wahrgenommen:

- stechend/beißend (z.B.: Ammoniak)
- brennend/scharf (z.B. Capsaicin)
- ätherische Öle
- Chloroform
- Buttersäure

Die freien Nervenendigungen, die auf chemische Stimuli reagieren, befinden sich im Auge und in den Schleimhäuten der Nasen- und Mundhöhle. Wir alle kennen es, dass uns die Tränen kommen, wenn wir eine Zwiebel schneiden. Dies ist eine typische trigeminale Wahrnehmung, die über den Augenast (*Nervus ophthalmicus*) des Trigeminus läuft.

Auch auf der Zungenoberfläche finden sich Verbindungen zum Trigeminus, sogar dreimal mehr als zu Nervenfasern des schmeckenden Systems.

Die eigentliche Funktion des Trigeminusnervs besteht darin, reflexartig (z.B. durch Niesen) und ohne den Umweg über den Verstand auf den Kontakt mit gefährlichen Substanzen zu reagieren. Der Trigeminus kann sogar den Atemrhythmus unterbrechen und dafür sorgen, dass wir den Atem anhalten, um den Organismus vor der Aufnahme gefährlicher Substanzen zu schützen.

Das Jacobson'sche Organ (Vomeronasalorgan)

Das Vomeronasalorgan liegt an der Basis der linken bzw. rechten Nasenhälfte als eine Art Blindsack im vorderen Bereich. Es besteht eine Verbindung zur Mundhöhle: hinter den oberen Schneidezähnen befinden sich im Gaumendach des Hundefangs zwei Schlitze.

Wir Menschen besitzen dieses Organ nur noch rudimentär im vorderen Bereich des Nasenseptums.

Die Funktionsweise des Vomeronasalorgans gleicht einer Saug-/Druckpumpe, die durch Muskelkraft einen Unterdruck erzeugt.

Die Informationen, die über das Vomeronasalorgan an das Gehirn weitergeleitet werden, dienen der innerartlichen Kommunikation. Auf diesem Weg werden zum Beispiel Pheromone erkannt. Daher hat es eine bedeutende soziale Funktion und spielt eine wichtige Rolle in Verbindung mit der Fortpflanzung.

Die Rezeptorzellen des Vomeronasalorgans leiten ihre Signale zum Nebenriechkolben, dem Bulbus olfactorius accessorius. Von dort gelangen die Signale im Gehirn in den sogenannten Mandelkern (Amygdala) und weitere Gebiete des limbischen Systems und zum Hypothalamus.

Der Hypothalamus hat die Aufgabe das lebenswichtige Gleichgewicht im Zusammenspiel aller Körperfunktionen aufrechtzuerhalten. Er kontrolliert mittelbar und unmittelbar eine Reihe essenzieller Körperfunktionen wie Wasserhaushalt, Nahrungs- und Flüssigkeitsaufnahme, Körpertemperatur, Schlaf-Wach-Rhythmus und Fortpflanzung und ist damit von übergeordneter Funktion. Zudem ist er das wichtigste Steuerungsorgan im endokrinen System.

Der Hypothalamus ist sowohl mit den tiefer gelegenen Zentren des Hirnstamms verbunden (Aufrechterhaltung der lebenswichtigen Funktionen des Körpers) als auch mit dem höher gelegenen Großhirn und dem limbischen System. Dadurch können zum Beispiel

Emotionen (limbisches System) Einfluss auf körperliche Vorgänge wie Verdauung, Blutdruck, Atmung etc. nehmen.

Geruchsadaption

Ist die Hundenase einem Geruch über längere Zeit ausgesetzt, so gewöhnt sich seine Nase verhältnismäßig schnell an diesen Geruch, der Geruchssinn »adaptiert« sich an das jeweilige Geruchsereignis. Die Riechzellen reagieren meist nur kurz auf eine Stimulation mit Duft- bzw. Geruchsstoffen.

Wir alle kennen dieses Phänomen: betreten wir eine Bäckerei, in der gerade frisches Brot gebacken wird, so nehmen wir den Geruch anfänglich stark wahr. Allerdings gewöhnen wir uns rasch daran und nehmen ihn dann nicht mehr oder kaum noch wahr.

Um der Adaption entgegenzuwirken, hat der Hund verschiedene Möglichkeiten:

- Spüldrüsen entfernen Geruchsstoffe von den Rezeptoren der Riechzellen.
- Die Pendelbewegungen, die ein Hund beim Ausarbeiten einer Spur mit dem Kopf bzw. mit dem Vorderkörper ausführt, konfrontieren die Riechzellen mit immer wieder anderen Duftstoffen und sensibilisieren sie dadurch neu.
- Kurze Schnüffelstöße von bis zu 300/Min. befreien die Rezeptoren und halten sie empfangsbereit.

Was riecht der Hund beim Mantrailing?

Der Individualgeruch des Menschen

Hautzellschuppen

Vorweg sei gesagt, dass wir nach wie vor nicht genau wissen, wie sich der Individualgeruch ganz genau zusammensetzt, auch wenn wir einige Bestandteile kennen. Hunde verfolgen die menschliche Spur z.B. anhand abgestorbener Hautschuppen, die wir permanent verlieren. Man geht davon aus, dass ein Mensch ca. 40.000 Hautzellenschuppen pro Minute verliert. Ihre Zahl hängt unter anderem von der Aktivität der Person ab, aber auch von ihrem physischen und psychischen Zustand. Mit einem Körperluftstrom werden diese Hautzellschuppen zunächst entlang des Körpers bis in Scheitelhöhe nach oben getragen und fallen dann langsam herunter. Je kleiner die Schuppen sind, desto langsamer sinken sie zu Boden und desto mehr unterliegen sie dem Wind und können weit von der gelaufenen Spur entfernt zu liegen kommen. Mikroorganismen, z.B. Bakterien auf der Oberfläche der Hautzellschuppen, wirken bei der Produktion der Geruchsstoffe mit. Die Zusammensetzung der Mikroorganismen, die sich auf der Haut und den Hautzellschuppen befinden, ist von Mensch zu Mensch unterschiedlich und trägt damit dazu bei, dass wir unterschiedlich riechen.

Schweiß und andere Drüsensekrete

Bakterien zersetzen aber nicht nur die Hautzellschuppen, sondern auch Sekrete der Schweiß- und Talgdrüsen. Im Ruhezustand geben wir bis zu einen Liter Schweiß am Tag ab, bei starker körperlicher Betätigung durch Arbeit oder Sport sowie bei hohen Umgebungstemperaturen kann sich die Schweißproduktion auf schätzungsweise bis zu 10 Liter steigern.

Der Schweiß wird über die Schweißdrüsen ausgeschieden. Schweißdrüsen (merokrine, aber auch ekkrine) befinden sich am ganzen Körper. Sie sind für die Thermoregulation zuständig, indem sie wässrige Sekrete absondern, die durch Verdunstung Kälte erzeugen. Dieses Sekret ist zunächst geruchlos und beginnt erst durch die bakterielle Zersetzung zu riechen.

Hier untersucht Josef eine »Pinkelstelle« an einem ehemaligen Sitzplatz einer Versteckperson. Was genau er riecht, können wir nur vermuten. Er wird sich gleich von dieser Stelle lösen und der frischen Spur folgen.

Michel hält die Nase in die Höhe Richtung Witterung. Es ist faszinieren, welche Höchstleistung die Hunde bringen.

Die Duftdrüsen (apokrine Schweißdrüsen) befinden sich nur in bestimmten behaarten Regionen des Körpers: Achselhöhlen, Brustwarzen, Genital- und Analbereich, Bauchnabel. Ihr Sekret besteht aus Lipiden, Proteinen und Steroiden, das ebenfalls zunächst geruchslos ist und erst zu riechen beginnt, wenn die bakterielle Zersetzung einsetzt.

Die Duftdrüsen sind nicht von Geburt an aktiv – erst mit Beginn der Pubertät, wenn die Geschlechtsreife eintritt, nehmen sie ihre Arbeit auf. Sie schütten ihre Sekrete vor allem als Reaktion auf emotionale Reize aus, aber auch als Reaktion auf Sexualhormone. Talgdrüsen finden sich besonders an behaarten Stellen und geben ölartige Sekrete ab.

Der menschliche Geruch selbst ist also eine sehr komplexe Kombination aus mehreren Ausscheidungsprodukten des Körpers, wie Hautzellen, Schweiß und Talg, dazu kommen Atem, Urin, Speichel usw. Diese Komponenten sind durchaus beeinflussbar, zum Beispiel durch die Umwelt, die Ernährung, Medikamente, die Tagesform, den Stresslevel u.v.m. MEBAZAA et al. (2010) konnten beispielsweise nachweisen, dass eine Ernährung mit Bockshornklee oder Knoblauch die chemische Zusammensetzung des Schweißes verändert. Dennoch und trotz der Beeinflussung durch verschiedene äußere und innere Faktoren ist der menschliche Individualgeruch einzigartig. Er wird gerne mit einem chemischen Fingerabdruck verglichen.

Es hat sich bewährt, den menschlichen Geruch in vier Kategorien einzuteilen. Dies dient einer besseren Übersicht und vereinfacht das Verständnis.

1. Primärgeruch
Der Primärgeruch ist genetisch bedingt und wird vermutlich durch den MHC-Komplex bewirkt. Der MHC-Komplex (major histocompatibility complex oder auch Haupthistokompatibilitätskomplex) umfasst eine Reihe von Genen bei Wirbeltieren, welche für die Immunerkennung, die Gewebeverträglichkeit (Histokompatibilität) bei Transplantationen und die immunologische Individualität wichtig sind. Die Genprodukte, die MHC-Proteinkomplexe, sind körpereigene Antigene auf der Oberfläche jeder Körperzelle, die immunologische Vorgänge regulieren. Diese Proteine kennzeichnen die Zellen als zum Körper gehörig.

Durch die hohe genetische Vielfalt des MHC-Komplexes wird verhindert, dass zwei Personen (Ausnahme eineiige Zwillinge) den gleichen MHC-Komplex und somit den gleichen Primärgeruch besitzen.

Miteinander verwandte Individuen besitzen ähnliche MHC-Komplexe und werden damit einen ähnlichen Primärgeruch aufweisen.

Des Weiteren gehören zum Primärgeruch die Absonderungen der bereits angesprochenen apo- und merokrinen Schweißdrüsen.

Ein wesentliches Merkmal des Primärgeruches ist, dass er nicht abwaschbar ist.

2. Sekundärgeruch
Dieser Geruch gibt Auskunft darüber, wo wir waren und was wir gegessen haben. Er informiert über unsere Tagesform und unsere allgemeine Konstitution.

3. Tertiärgeruch
Der Tertiärgeruch wird geprägt durch
- Körperpflegeprodukte (Parfums, Seifen, Handdesinfektionsmittel, Lotionen, Shampoo etc.),
- Kleidung (Waschmittel, Imprägnierung, Material der Kleidung)

- unmittelbare Umgebung (Zigarettenrauch, Alkohol, Räucherstäbchen, Diffusor mit ätherischen Ölen, Putzmittel, Stadtleben, Landleben)
- Nahrungsergänzungsmittel und Medikamente.

4. Quartärgeruch
Der Quartärgeruch beinhaltet sowohl den Geruch, der durch Bodenverletzungen beim Gehen entsteht, als auch kleine Partikel Schuhgeruch und Eigengeruch des Läufers.

Menschen mit starkem Fußgeruch nennen viele Fettsäuren ihr Eigen. Diese Fettsäuren dringen durch die Sohle des Schuhs hindurch und bleiben am Boden. Die Menge der Geruchsstoffe, die nach außen dringt, hängt davon ab, ob man in den Schuhen barfuß oder mit Socken geht und aus welchem Material die Schuhe hergestellt sind.

Einfluss von Witterungsbedingungen und Tagesverlauf auf den Geruch

Grundsätzlich haben
- Wind
- Temperatur
- Feuchtigkeit
- Tageszeit

einen Einfluss auf den Geruch.

Wind

Der Wind beeinflusst die Verteilung des Geruchs deutlich. Wir haben immer wieder die Erfahrung gemacht, dass gerade sehr feinnasige Hunde erst lernen müssen, nicht allen Geruchspartikeln bis ins letzte Detail zu folgen, um den roten Faden zu behalten. Je stärker der Wind und damit die Verwehungen, desto schwerer fällt ihnen das zu Beginn. Hier sind das Geschick und das Wissen des Trainers gefragt, der den Trail so legt, dass der Hund einen größtmöglichen Nutzen aus der Situation trägt: Einen Trail, auf dem der Hund so leicht wie möglich so viel wie möglich lernt.

Wenig Wind und niedrige Windgeschwindigkeiten bedeuten weniger Turbulenzen und damit eine geringere Verteilung der Geruchsstoffe. Starker Wind oder auch der Verkehr auf stark befahrenen Straßen verwirbelt die Luft und trägt die Geruchsstoffe an Begrenzungen, an denen sie sich fangen können. Dort findet der Hund häufig mehr Geruch als auf der gelaufenen Spur und arbeitet daher oft entlang dieser Begrenzungen (Mauern, Hecken etc.).

Unsere Hunde, die norddeutsches Wetter gewöhnt sind und nahezu täglich mit Wind zu tun haben, erleben wir in Situationen mit Wind (auch stärkerem) dennoch als relativ sicher und unbeeindruckt. Dies mag auch daran liegen, dass sie sich im Geruchsalltag ständig damit auseinandersetzen und wissen, wie sich Geruch unter windigen Bedingungen verhält. Allerdings muss hier gesagt werden, dass dies nur unsere Beobachtungen aus der Praxis sind, die nicht wissenschaftlich untersucht sind. Bei Sturm und Orkan bleiben auch wir zuhause.

Temperatur und Tagesverlauf

Wir legen Wert darauf, die Hunde von Beginn an mit vielen Temperaturen zu konfrontieren. Schließlich ist das Geruchsbild bei 22 Grad Celsius ein anderes als bei zwei Grad, da die Bakterien, die z.B. Hautzellschuppen oder Schweiß zersetzen, bei unterschiedlichen Temperaturen unterschiedlich Aktivitätsmuster zeigen.

Grundsätzlich arbeiten Bakterien bei hohen Temperaturen am stärksten, dies hat zur Folge, dass der Geruch rasch schwächer wird: Sie brauchen quasi das Geruchsmaterial auf.

Starke Trockenheit und Kälte hingegen behindern das Bakterienwachstum. Die Bakterien trocknen ein bzw. frieren ein, können allerdings durch passendere Temperaturen und Feuchtigkeit wiederbelebt werden.

Für den Einsatz eines Hundes an einem heißen trockenen Sommertag würde dies bedeuten, dass man ihn nicht in der Mittagszeit ansetzt, in der die Geruchsstoffe schneller abgebaut werden bzw. verdampfen, sondern in den frühen Morgenstunden, wenn der Tau die verbliebenen Bakterien reaktiviert hat und die Kühle den Zersetzungsprozess langsamer ablaufen lässt. Alternativ kann der Hund spät abends angesetzt werden, wenn die Temperaturen wieder gesunken sind. Des Weiteren gilt es bei starker Hitze zu bedenken, dass gerade der Asphalt sich stark aufheizt, was zum einen für das Geruchsbild begrenzend ist, aber auch für den Hund unangenehm und schmerzhaft an den Pfoten sein kann.

Wir empfehlen jedem, im Hochsommer einmal die Temperatur direkt über dem Asphalt zu messen, um einen Eindruck davon zu bekommen.

Außerdem ist zu beachten, dass warme Luft nach oben steigt und Geruchsstoffe mit sich trägt. Bei steigenden Temperaturen sucht der Hund daher möglicherweise mit etwas höherer Nase als bei niedrigeren Temperaturen, weil er dort mehr Geruch findet.

Feuchtigkeit

Der Hund kann bei Feuchtigkeit leichter arbeiten, da diese förderlich für die Bakterienaktivität ist. Ein leichter Regen kann ihm die Arbeit enorm erleichtern.

Hohe Luftfeuchtigkeit in Kombination mit hohen sommerlichen Temperaturen allerdings beeinträchtigt die Leistung des Hundes (wie auch des Hundeführers). Für den Hund kommt erschwerend hinzu, dass er seine Körpertemperatur nicht durch Schwitzen regulieren kann. Wir sind hier in der Pflicht, gut auf unseren Teampartner zu achten, damit er sich nicht überanstrengt.

Regen und Geruch
Forscher sind der Frage nachgegangen, warum Regen Gerüche erzeugt und warum jeder Regen anders riecht. Dafür wurden Zeitlupenaufnahmen von Regentropfen gemacht. Im Experiment ließen die Forscher Wasser mit unterschiedlicher Geschwindigkeit auf 28 Bodenarten tropfen. Das Ergebnis: Der Aufprall erzeugt Blasen in den winzigen Wasserlachen. In manchen Blasen sammeln sich Kleinstpartikel aus dem Boden – sie enthalten das Aroma der Erde.

Platzen die Bläschen, perlt der Geruch aus dem Wasser, und ein schwacher Luftzug genügt, um ihn zu verwehen. Ähnlich verbreitet sich das Aroma von Sekt und anderen Sprudelgetränken. Vor allem drei Faktoren bestimmen, wie intensiv Regen riecht: Die Porosität des Bodens, seine Feuchtigkeit und die Stärke des Niederschlags. Je trockener die Erde, desto mehr Geruch entfaltet sich. Der Grund ist simpel: Von trockenem Boden lösen sich mehr Partikel.

Ergiebiger Waldboden oder warum riecht es hier so intensiv?
Poröser Untergrund, etwa Waldboden, ist ebenfalls eine gute Quelle für intensiven Duft. Je mehr Hohlräume sich im Boden befinden, desto mehr Luftblasen können heraussteigen.

Trailen wir im Wald, können die Umgebungsgerüche eine besondere Herausforderung sein.

Schließlich stellten die Forscher fest, dass der kräftigste Geruch bei leichtem Regen, wie er typisch ist für den Herbst, entfaltet wird. Bei heftigem Niederschlag hingegen durchnässt der Boden, und durch die dickere Wasserschicht dringt weniger Luft und damit weniger Erdgeruch.

Wir haben häufiger gelesen, dass nebliges und kühles Herbstwetter optimal für den Hund sei. Unserer Erfahrung nach gibt es aber auch durchaus Hunde, die sich an diese Menge von Geruch erst wieder gewöhnen müssen. Gerade die feinnasigen Hunde, die auch mit wenig Geruch gut arbeiten, brauchen manchmal 1 bis 2 Trainings, um sich an die neue Situation anzupassen und ihren roten Faden auch im Nebel nicht zu verlieren. Der Nebel scheint den Geruch wie eine große Geruchswolke wirken zu lassen, in der sich der Hund erst einmal zurechtfinden muss. Dazu kommt, dass bei Nebel die Orientierung ebenfalls schwerer fallen kann (für Mensch und Hund). Auch hier sei angemerkt, dass es sich ausschließlich um Beobachtungen aus der Praxis handeln, die nicht wissenschaftlich untersucht sind.

Terrain und Umgebung

Wir möchten hier beispielhaft einige Umgebungsbedingungen darstellen, die aufzeigen, wo Knackpunkte liegen können.

Der Mantrailerhund hat es in seiner Arbeit sowohl mit städtischen, bebauten Gebieten als auch mit ländlichen Gebieten außerhalb von Ortschaften (Wald, Wiesen, Felder, etc). zu tun. Beide Umgebungssituationen bieten besondere Herausforderungen.

Bebaute Gebiete sorgen für Turbulenzen und Luftbewegungen, die nicht immer der Windrichtung entsprechen. Häuser und andere Hindernisse sorgen für mechanische Turbulenzen, die die Geruchsverteilung beeinflussen und dem Hund die Arbeit erschweren.

Diesem jagdlich motivierten Hund fällt das Trailen in der Stadt leichter als im Wald.

Straßen, Kreuzungen und Kreisverkehre sorgen für Verwirbelungen der Geruchsstoffe und möglicherweise zu Geruchsabrissen. Gerade große Kreuzungen haben oft ihre ganz eigenen Gesetze und Regeln. In Seitenstraßen, Hinterhöfe und Hauseinfahrten wird Geruch hineingetragen. Große asphaltierte Plätze sorgen für eine Verteilung der Geruchsstoffe, die auf den befestigten Flächen weitergetragen werden, bis sie an Hindernissen, wie z.B. Vegetation, Mauern u.ä., zu liegen kommen. Verschiedene Ebenen durch Brücken und Unterführungen sorgen für weitere Schwierigkeiten beim Verfolgen der Spur. Auf offenen Brücken fällt der Geruch nach unten, möglicherweise kommt es dadurch zu Geruchsabrissen, und der Hund zeigt an, dass er den Trail verloren hat. Hier kann es helfen, auf die andere Seite der Brücke zu gehen, um zu prüfen, ob der Trail dort weiterläuft.

Trifft der Hund auf enge Gassen, hat er es häufig am Anfang mit einem Geruchsabriss zu tun. Er muss lernen, sich in die Gasse hineinzuarbeiten, dann aber nicht ins Rennen zu kommen. Ist er nämlich erst mal in der Gasse drin, ist es manchmal nicht mehr so leicht umzudrehen; insbesondere, wenn der Hundeführer von hinten schiebend wirkt.

Der Hund muss mit all diesen Herausforderungen nach und nach vertraut gemacht werden, um später einen Stadttrail mit all seinen Herausforderungen meistern zu können.

Jedes Detail wird für sich in das Training eingebaut und bearbeitet und zwar unter unterschiedlichen Witterungsbedingungen und in verschiedenen örtlichen Gegebenheiten. Erst wenn die Aufgaben jede für sich verstanden sind, fangen wir an, sie »in Reihe zu schalten« und damit zu spielen.

Gleiches gilt für den Hundeführer, der die Körpersprache seines Hundes in diesen fordernden Gebieten gut lesen können sollte, um seinen Job als Teampartner zur Zufriedenheit des Hundes erfüllen zu können. Ebenso ist es von Vorteil, wenn der Hundeführer sich weiterbildet und wachsam bleibt, was das Thema Geruchsverteilung, Thermik etc. betrifft.

Im Herbst kann man anhand der herunterfallenden Blätter gut beobachten, wie oft es zu Luftverwirbelungen kommt, und wo daraufhin die Blätter zu liegen kommen. Dies kann einen ganz ungefähren Eindruck vermitteln, wie Luftströmungen verlaufen.

Wenn wir uns den unbebauten Gebieten zuwenden, finden wir für den Hund auf der einen Seite diverse geruchliche Herausforderungen, die es auszublenden gilt. Ganz vorne sei hier der Wildgeruch genannt. Auf der anderen Seite treten auch hier mechanische Turbulenzen auf, die von Hindernissen (z.B. Wälder, große Steine) verursacht werden. Dadurch entstehen Wind- und Geruchskanäle, die unter Umständen nicht der allgemeinen Windrichtung entsprechen.

Hügel, Berge, Abhänge und Schluchten bergen Schwierigkeiten durch Auf- und Abwinde. In einem Tal werden zuerst die Berghänge von der Sonne beschienen. Die Luftpakete an den Hängen erwärmen sich und beginnen aufzusteigen. Im Gegenzug beginnt die Luft in der Talmitte abzusinken. In der Nacht dreht sich der Wind, warme Luft steigt in der Talmitte auf und kalte Luft sinkt an den Hängen herab.

Im Vorland eines Tales muss vergleichsweise viel mehr Luft als in einem Tal erwärmt werden, weshalb sich die Luft dort langsamer als im Tal erwärmt. Wenn die warme Luft über den Berghängen aufsteigt, wird die kältere Luft aus dem Vorland in das Tal gezogen, um die aufsteigende Luft zu ersetzen. In der Nacht kühlen die vergleichsweise geringen Luftmassen im Tal schneller ab als im Vorland; die kalte und schwere Luft strömt aus dem Tal hinaus in das Vorland.

Wind oben an einem Bergabhang kann tote Zonen erzeugen und dem Hund die Verfolgung der Spur schwer machen.

Gewässer ziehen Geruch an, auf fließenden Gewässern wird er mitgetragen und je nach Art des Gewässers Turbulenzen unterzogen.

Intensiv riechende Pflanzen können Gerüche überdecken. Güllefelder können für eine Geruchseintrübung sorgen.

Auch hier hat es das Mantrailingteam mit vielen Herausforderungen zu tun, die es Stück für Stück zu trainieren gilt, immer gemäß dem Motto: von leicht nach schwer und vom Bekannten zum Unbekannten.

Lernverhalten und Lerntheorien

Was ist Lernen?

Zunächst sei gesagt, dass es verschiedene Definitionen des Lernens gibt. Wir möchten hier einige exemplarisch vorstellen:

- Lernen bedeutet eine Veränderung des Erlebens und Verhaltens aufgrund von individuellen Erfahrungen in bzw. mit der Umwelt.
- In der Psychologie versteht man unter Lernen den absichtlichen oder beiläufigen, individuellen oder kollektiven Erwerb von geistigen, körperlichen, sozialen Kenntnissen, Fähigkeiten und Fertigkeiten. Lernen ermöglicht es, das Verhalten an die Zukunft

anzupassen, um größtmögliche Erfolge zu erzielen. Dies verschafft lernfähigen Lebewesen einen Überlebensvorteil gegenüber anderen Lebewesen.
- Lernen ist auf Erfahrung basierende Veränderung von Verhalten (Campbell/Reece 2003).

Wozu dient Lernen?

Lernen ermöglicht die Anpassung an veränderte Lebensumstände und die Optimierung des eigenen Zustandes. Das Individuum gewinnt Vorteile dadurch, dass es lernt.

Die individuelle Basis für das Lernen bildet die Lerndisposition (Lernfähigkeit), die individuell unterschiedliche, relativ dauerhaft wirkende Bereitschaft, auf bestimmte Situationen mit spezifischen Haltungen, Voraussetzungen zu reagieren; diese Bereitschaft umfasst sowohl angeborene als auch erworbene Komponenten, ist also auf ein Zusammenwirken von Anlage und Umwelt zurückzuführen. Man unterscheidet hier zwischen:
- angeborener Lerndisposition (genetisch fixiert)
- erworbener Lerndisposition
- aktueller Lerndisposition

Die angeborene Lerndisposition ist genetisch fixiert und an die Umwelt und Lebensweise angepasst. So fallen zum Beispiel Nagetieren, die in unterirdischen Gangsystemen leben und sie bauen, Labyrinthaufgaben leichter.

Die erworbene Lerndisposition wird durch die Umstände bestimmt, unter denen ein Lebewesen aufwächst. Sie modifiziert die angeborene Lerndisposition. Ein Hund, der in seinem Leben häufig Neues kennenlernen und erleben darf, ist hier besser aufgestellt, als ein Hund, der täglich dasselbe erlebt.

Die aktuelle Lerndisposition beschreibt die aktuelle Verfassung des Individuums. Zum Beispiel: ist es gesund und fit oder angeschlagen? Ist eine Hündin gerade läufig oder scheinträchtig?

Alle drei Felder werden beim Lernvorgang bespielt.

Was hat das Thema Lernen mit Mantrailing zu tun?
Unser Hund darf während seiner Ausbildung zum Mantrailer viel lernen:
- Er lernt, eine Geruchsspur zu verfolgen.
- Er lernt, dass die frischeste Spur die wichtigste ist.
- Er lernt den Individualgeruch kennen.
- Er lernt, einem Individualgeruch zu folgen.
- Er lernt, seine Körpersprache deutlich zu zeigen.
- Er lernt, sich an Versteckpersonen heranzuarbeiten.
- Er lernt, sich auf dem Trail durchzusetzen.
- Er lernt, die Versteckperson anzuzeigen.
- Er lernt, die Umgebung auszublenden.
- Er lernt, Herausforderungen und Schwierigkeiten zu meistern.
- Er lernt, auf unterschiedlichen Untergründen zu arbeiten.
- Er lernt, in unterschiedlichen Gebieten zu arbeiten.
- Er lernt, unter verschiedenen Witterungsbedingungen zu arbeiten.
- Er lernt, eine Kreuzung zu arbeiten.
- Er lernt, Plätze zu arbeiten.
- Er lernt Geruchsabrisse kennen und damit umzugehen.

u.v.m.

Damit der Hund gut lernen kann, müssen bestimmte Voraussetzungen erfüllt sein:
- genügend Pausen
- guter Gesundheitszustand
- genügend Schlaf
- nicht unterfordern – nicht überfordern

Die Lernformen

Wenn der Hund seine Ausbildung beginnt, beschäftigt er sich in den ersten Trainings zunächst damit:

- den Individualgeruch aufzunehmen
- den jeweiligen Individualgeruch zu verfolgen
- der frischesten Spur zu folgen

Dabei finden folgende Lernvorgänge statt:

- latentes Lernen
- entdeckendes Lernen
- Sensibilisierung
- operantes Lernen

Latentes Lernen

Beiläufiges Lernen, das erst später sichtbar wird, wenn ein Anreiz besteht, das Gelernte zu zeigen. Dieses Lernen läuft ohne Belohnung oder Strafe durch einen Trainer ab. Zum Beispiel sammelt ein Hund ständig Erfahrungswerte zur Orientierung im Gelände, wenn er sich draußen bewegt, auf die er später zurückgreifen kann. Auch im Schlaf verarbeitet sein Gehirn Erfahrungen und Erlebnisse. Was er dabei gelernt hat, zeigt sich erst, wenn eine erlebte Situation erneut eintritt und der Hund angemessen darauf reagiert.

Entdeckendes Lernen

Der Hund erschließt sich selbstständig Zusammenhänge. Der Vorteil hierbei ist, dass diese Zusammenhänge besser abgespeichert und in bereits gelernte Systeme eingefügt werden können. Sie stärken das Selbstbewusstsein des Lernenden und ermöglichen neue Problemlösestrategien. Beim Mantraiing darf der Hund beispielsweise die Zusammenhänge zwischen Geruchsartikel und Spur eigenständig entdecken.

Sensibilisierung

Die Sensibilisierung führt zu einer Verstärkung einer Reaktion auf wiederholt angebotene Reize. Auch die Reaktionsbereitschaft erhöht sich im Laufe der Zeit, und der Reiz gewinnt an Bedeutung. Es kann zu einer Erregungssteigerung kommen. Zum Beispiel gewinnt der Geruchsartikel in relativ kurzer Zeit große Bedeutung für den Hund, weil er der Schlüssel zum Trail ist. Viele Hunde erwarten ihn bereits gespannt und mit leicht aufgeregt wedelnder Rute. Ein Hund, der mit einem Geruchsartikel keinerlei Erwartungen verknüpft, wird ein aufgeschraubtes Glas mit einem Geruchsartikel darin vielleicht neugierig, aber ohne größeres Interesse beriechen.

Assoziatives Lernen

Assoziation bedeutet, dass zwei Ereignisse, die gleichzeitig bzw. sehr kurz nacheinander stattfinden, im Gehirn des Hundes miteinander verknüpft werden. Wenn eine bestimmte Assoziation regelmäßig wiederkehrt, sprechen wir von Konditionierung. Die operante und die klassische Konditionierung sind Formen des assoziativen Lernens.

Operante Konditionierung

Die operante Konditionierung setzt eine Motivation und aktive Beteiligung des lernenden Individuums voraus, da hier der Zusammenhang zwischen eigenem Verhalten und den sich daraus ergebenden Ereignissen gelernt wird. Der Hund muss mitdenken, damit er herausfinden kann, welche Reaktion in einer bestimmten Situation erfolgreich ist.

Wir finden hier folgende drei Komponenten in einem engen Zeitfenster:

- Reiz
- Reaktion
- Verstärker
- Der Verstärker verstärkt das Verhalten des Hundes.

Ein Beispiel aus dem Mantrailing könnte sein: Wenn der Hund die Versteckperson findet (Reiz), anzeigt (Reaktion) folgt die Belohnung (Verstärker).

Die Verstärker lassen sich unterscheiden in
- primäre Verstärker (z.B. Futter): er verstärkt jede Reaktion, auf die er folgt.
- sekundäre (konditionierte) Verstärker (z.B. Clicker): ein Stimulus, auf den ein primärer Verstärker folgt. Der sekundäre Verstärker kündigt den primären Verstärker an.

Klassische Konditionierung
Dem gegenüber steht die klassische Konditionierung, die eine unbewusste, reflexartige Reaktion auf einen Reiz einübt. Sie ist eine Lerntheorie des Behaviorismus, der Reaktionen auf verschiedene Reize untersucht und erklärt. Als Begründer der Lehre der klassischen Konditionierung gilt Iwan Pawlow, der mit dem Pawlowschen Hund ein berühmtes Beispiel lieferte.

Ein wichtiger Vertreter des sogenannten radikalen Behaviorismus war Burrhus F. Skinner, der in Tierversuchen zeigte, wie sich erwünschte Verhaltensweisen konditionieren ließen. Er konzentrierte sich in seiner Forschung auf verschiedene Arten der Verstärkung als Konsequenz auf ein gezeigtes Verhalten.

Bei der klassischen Konditionierung lernt der Hund Zusammenhänge zwischen Ereignissen, die er nicht beeinflussen kann.

Ein Beispiel: Hört der Hund das Geräusch eines Clickers und bekommt sofort danach ein wenig Futter, wird schon nach einigen Wiederholungen bei dem Hund durch dieses Geräusch Speichelfluss, Vorfreude etc. ausgelöst. Es werden zwei Reize miteinander verknüpft, der zweite Reiz (hier Futter) löst bei dem Hund immer eine emotionale Reaktion aus. Der erste Reiz kann nach ein paar Wiederholungen genau dasselbe beim Hund auslösen. Und dies ohne dass der zweite Reiz erfolgen muss.

Im weiteren Verlauf des Trailtrainings lernt der Hund durch hauptsächlich operantes Lernen:
- seine Körpersprache zu verdeutlichen
- sich an eine Versteckperson heranzuarbeiten
- sich durchzusetzen.

Hier steht die operante Konditionierung im Vordergrund, denn der Hund lernt, dass sich all diese Verhaltensweisen für ihn auszahlen. Verdeutlicht er seine Körpersprache, kann der Hundeführer ihn besser lesen und wird ihm besser zuarbeiten. Dies erleichtert es dem Hund, den Trail zu verfolgen, eine Tätigkeit, die an sich bereits selbstbelohnend für ihn ist. Schafft er es, sich an die Versteckperson heranzuarbeiten, erwartet ihn dort seine Belohnung (in Form von Bestätigung durch Futter, Lob etc.).

Die Belohnung
Was der Hund als Belohnung ansieht, entscheidet er selbst. Dies ist ein wichtiger Punkt. Für einen Hund, der zum Beispiel nicht gerne angefasst und gestreichelt wird, wird ein »Gekuschelt-Werden« durch die Versteckperson am Trailende nicht als angenehm erlebt werden und kann im schlimmsten Fall dazu führen, dass der Hund in ein Meideverhalten geht und die Versteckperson nicht anzeigen möchte. Eventuell kann sich daraus sogar eine Startproblematik entwickeln, da der Hund weiß, was ihn am Ende erwartet.

»Die Konsequenzen, die ein Verhalten hat, beeinflussen sein Auftreten in der Zukunft.«
(E.L. Thorndike)

Schauen wir nun noch etwas genauer auf die operante Konditionierung und Burrhus F. Skinner. Nach Skinner ist die positive Verstärkung nur eine von vier möglichen Beziehungen zwischen einer Verhaltensweise und ihren Konsequenzen:

	Verhalten wird wahrscheinlicher	Verhalten wird weniger wahrscheinlich
Stimulus wird hinzugefügt	Positive Belohnung	Positive Bestrafung
Stimulus wird entfernt oder weggelassen	Negative Belohnung	Negative Bestrafung

1. ***Positive Belohnung:*** *Etwas Angenehmes wird hinzugefügt:* Die Wahrscheinlichkeit, dass das Verhalten in der gleichen oder einer ähnlichen Situation erneut gezeigt wird, erhöht sich. Der Hund erfährt Freude und Zufriedenheit.

2. ***Negative Belohnung:*** *Etwas Unangenehmes wird entfernt:* Der Hund erfährt Erleichterung, und die Wahrscheinlichkeit steigt, dass er das gewünschte Verhalten erneut zeigt. Es ist eine »erleichternde Verstärkung«. Erlebt ein Hund z.B. viele Menschen in seiner Nähe als unangenehm, kann es für ihn durchaus eine Erleichterung darstellen, wenn ihm die Gruppe auf dem Trail gar nicht oder nur mit großem Abstand folgt. Er wird als Folge leichter und freudvoller seinen Trail arbeiten können.

3. ***Positive Bestrafung:*** *Etwas Unangenehmes wird hinzugefügt:* Die Wahrscheinlichkeit, dass das unerwünschte Verhalten erneut gezeigt wird, sinkt. Ein Beispiel aus dem menschlichen Alltag wäre der Strafzettel fürs Falschparken. Ein Beispiel aus dem Hundetraining z.B. eine bedrohliche Körperhaltung des Hundeführers. Eine positive Bestrafung dient dem Erlernen einer Hemmung im Verhalten. Sie muss allerdings unmittelbar auf ein unerwünschtes Verhalten und IMMER auf das unerwünschte Verhalten folgen und intensiv genug sein, um den Reiz zu übertreffen, den das von uns unerwünschte Verhalten, z.B. bei der Jagd, auf den Hund ausübt. Regelmäßige Leinenrucke des Hundeführers beim Mantrailing in gleichen oder ähnlichen Situationen, z.B. bevor es über eine Straße geht, können es dem Hund verleiden, die Straßenseite zu wechseln, und er wird evtl. nach einer anderen Lösung für sein Problem suchen.

4. ***Negative Bestrafung:*** *Etwas Angenehmes wird entfernt:* Der Hund erfährt ein Unlustgefühl und die Wahrscheinlichkeit, dass er das Verhalten erneut zeigt, nimmt ab. Die Dinge, die wir dem Hund wegnehmen können, lassen sich in zwei Kategorien einteilen: Objekte und Handlungen, die er erwartet sowie Objekte und Handlungen, die er bereits besitzt. Ein Beispiel aus dem Hundetraining wäre der Freiheitsentzug durch das Anleinen. Im Mantrailing könnte ein junger pubertierender Rüde, der sich nur von Pipistelle zu Pipistelle hangelt, vom Trail genommen und direkt ins Auto gebracht werden. Wichtig ist hier, dass der Mensch seinem Hund keine negativen Emotionen entgegenbringt, sondern ihn freundlich, aber bestimmt zurück ins Auto bringt.

Die Anzeige der Versteckperson

Hier treffen klassische Konditionierung und operante Konditionierung zusammen. Zunächst wird die Versteckperson mit dem Futter klassisch konditioniert, also verknüpft.

Daher ist die sofortige Belohnung beim Ankommen an der VP elementar wichtig. Hierbei gilt, je öfter die Reize miteinander auftreten, desto sicherer ist die Verknüpfung. Erst wenn diese Verknüpfung sicher besteht (Wochen, bis Monate), beginnen wir mit dem Aufbau einer Anzeige.
Hierbei wird im nächsten Schritt die Belohnung durch die VP einige Sekunden herausgezögert. Oft kennen unsere Hunde das Vorsitzen vor dem Napf bereits und bieten dies daher schon an. Wenn nicht kann verbal oder körpersprachlich nachgeholfen werden. Diese Unterstützung sollte aber sehr rasch wieder abgebaut werden. Operante Konditionierung in diesem Beispiel: Das Ankommen bei der VP (Reiz), die Anzeige (Reaktion, vom Hund beeinflussbares Verhalten), Belohnung (positive Verstärkung).

Im weiteren Ablauf lernt der Hunds durch operante Lernvorgänge und Habituation:

- die Umgebung auszublenden
- eine Spur auf unterschiedlichen Untergründen und unter unterschiedlichen Bedingungen zu verfolgen
- eine Spur in unterschiedlichen Gebieten zu verfolgen

Durch die Habituation (Gewöhnung) werden wiederholt auftretende Reize als unwichtig eingestuft, wenn sie nicht unmittelbar schädlich sind. Dies schützt vor Reizüberflutung und schont Ressourcen. Außerdem sichert es die Reaktionsbereitschaft bei neuen Stimuli (z.B. Verkehrslärm). Ohne Gewöhnung an die vielen Außenreize würde es dem Hund sehr schwer fallen, sich konzentriert über den Trail zu arbeiten.

Spezielle Schwierigkeiten wie auf dem Trail eingebaute Elemente (Pool, Loop, etc.) und auch die Spur zu finden, bei einem Ansatz etwas neben der Spur oder nach Spurverlust (z.B. durch Geruchsabriss) fördern die Eigenständigkeit des Hundes bei der Problemlösung. Gleichzeitig sind wir auch hier wieder ím Feld des operanten Lernens.

Bei der Kreuzungsarbeit, dem Arbeiten von Plätzen, ist es vor allem der Mensch, der viel lernen darf. Leinenhandling, die richtige Positionierung hinter dem Hund und noch einiges mehr stehen auf dem Stundenplan.

Damit der Hund eigenständig Probleme lösen kann, ist es wichtig, dass er gelernt hat, mit Stress umzugehen. Außerdem gilt es für uns im Mantrailing die Antwort auf die Frage zu finden, welcher Stress optimal zum Lernen ist. Dieser Fragestellung wollen wir im Folgenden tiefer auf den Grund gehen.

Was ist Stress?

Stress ist eine unspezifische Körperreaktion, die ausgelöst wird, wenn ein Organismus mit bestimmten Reizen (Stressoren) konfrontiert wird. Grundsätzlich begegnen wir Stress, wenn ein Ungleichgewicht zwischen äußeren Anforderungen (Stressoren) und persönlichen Bewältigungsmöglichkeiten besteht. Körper und Geist versuchen, diese Lücke zu schließen, um die Situation zu bewältigen. Daraus entsteht eine psychophysiologische Antwort, die mit Bewältigungsversuchen einhergeht, und im Anschluss eine körperliche Reaktion.

Stressoren werden je nach Individuum sehr unterschiedlich bewertet: Wir alle kennen dies aus unserem Leben: Was für den einen stressig ist, nimmt ein anderer ggf. nur beiläufig oder überhaupt nicht als stressig wahr. Die Empfindlichkeit gegenüber Stressoren ist also individuell sehr unterschiedlich.

Stress-Resistenz
Gezieltes Training und Entspannungstechniken fördern die Stress-Resistenz. Schon im

Wenn der Hund zu großen Stress auf dem Trail hat, darf der Teampartner helfen und kurzfristig vor dem »Gespenst« schützen.

Heranwachsen werden Welpen im angepassten Rahmen mit Stress konfrontiert und die Basis für Bewältigungsstrategien wird gelegt. Wird der Hund im Training Stresssituationen ausgesetzt, die er ERFOLGREICH meistern kann, wird er zukünftige Probleme leichter und konstruktiver lösen können. Genau dies brauchen wir, um erfolgreich mit unserem Hund trailen zu können. Denn auch im Training werden wir regelmäßig auf stressauslösende Situationen treffen, die es zu handeln gilt. Dazu muss bereits im Heranwachsen die eigenständige Problemlösung gefördert werden.

Ursachen von Stress (Stressoren)

Die Ursachen von Stress nennt man Stressoren. Um Stress zu verstehen, lohnt sich einen Blick darauf, was überhaupt ein Stressor sein kann. Das können sein:

- physikalische Stressoren z.B. extreme Hitze oder Kälte, ebenso Lärm, Hunger oder eine körperliche Verletzung
- psychische Stressoren wie Überforderung, Ängste etc.
- soziale Stressoren wie Konflikte, Isolation
- chemische Stressoren wie Medikamente, Gift etc.

Der Körper reagiert auf Stress mit der Ausschüttung verschiedener Hormone (Glucocorticoide, Katecholamine, Schilddrüsenhormone), auf die wir weiter unten noch im Detail eingehen werden, sowie einer Aktivierung des Sympathikus, eines Teils des Nervensystems. Das Haupthormon des Stresses ist das Cortisol.

Guter Stress – schlechter Stress

Wir sollten aber nicht pauschalisieren. Nicht immer ist Stress als schlecht zu bewerten. Ein moderater Stresspegel tut sogar gut und schenkt die nötige Energie, um ins Handeln zu kommen und Dinge zu erledigen.

Schön ist es, wenn der Hund wie hier kurz nach dem Überwinden der Stresssituation wieder die Führung übernommen hat und die Belohnung wartet.

Dieser Hund ist sichtlich gestresst.

Hier sprechen wir von gutem Stress (Eustress): Stress wird als Herausforderung wahrgenommen, wenn wir die Anforderung gemeistert haben, wird die Situation als Erfolgserlebnis eingestuft, belohnt und abgespeichert.

Stress wird erst dann gefährlich für die Gesundheit, wenn die Bewältigungsversuche auf Dauer erfolglos bleiben und der Stress chronisch wird: dann befinden wir uns in ungutem Stress (Distress oder auch negativer Stress), den wir als unangenehm, bedrohlich oder überfordernd empfinden. Dennoch besteht auch hier die Möglichkeit, ihn zu meistern, wenn entsprechende Bewältigungsstrategien und/oder Ressourcen vorhanden sind. Ist dies nicht der Fall, wird es toxisch.

Akuter Stress – dauerhafter Stress

Eustress und Distress sind immer mit körperlichen Veränderungen und charakteristischen Symptomen verbunden. Das macht aus evolutionsbiologischer Sicht Sinn: Körperliche Reaktionen auf akuten Stress sicherten unseren Vorfahren in vielen Fällen das Überleben, indem sie sie in einen Kampf- oder Flucht-Modus versetzten. Bis heute zeigt der Mensch wie auch andere Lebewesen Symptome einer solchen Stressreaktion, wenn er einem Stressor ausgesetzt ist. Dabei unterscheidet sich die körperliche Reaktion nicht danach, ob es sich um Eu- oder Distress handelt.

Akuter Stress dauert Minuten bis Stunden. Ist der Stressor verschwunden, ebbt auch die Stressreaktion ab, und Körper und Psyche können sich erholen. Dieser Vorgang ist nicht schädlich.

Kommen wir aber in einen Bereich, in dem der Stress länger anhält und wird er als nicht zu bewältigend empfunden, hat er ungünstige Folgen. Langzeitstress (chronischer

Stress) umfasst einen Zeitraum von Wochen bis Monaten. Dabei steht der Organismus quasi dauerhaft unter Strom, und die Stresssymptome halten lange Zeit an bzw. werden chronisch, wie z.B. Schlafstörungen, Schwächung des Immunsystems und Konzentrationsstörungen.

Aus medizinischer Sicht ist Stress daher eine körperliche Reaktion, die den Organismus **kurzfristig** besonders leistungsfähig machen soll und keinerlei krankmachende Effekte hat. Jede Art von Belastung kann eine natürliche Stressreaktion auslösen.

Stressregulation

Das heute gebräuchliche Modell der Stressregulation geht davon aus, dass an der Reaktion auf Belastung und an der anschließenden Erholung zwei eng miteinander vernetzte Systeme beteiligt sind: das **vegetative Nervensystem mit Sympathikus und Parasympathikus** sowie die **neuroendokrine HPA-Achse.**

Das vegetative Nervensystem

Das vegetative Nervensystem kontrolliert lebenswichtige Funktionen zur Aufrechterhaltung des inneren Gleichgewichts durch die zwei Schaltkreise (Sympathikus und Parasympathikus), die eng miteinander vernetzt sind und uns ermöglichen, auf Gefahren zu reagieren und uns danach wieder zu entspannen.

Sympathikus und Parasympathikus

Dieses leistungsfördernde System wird aktiviert, wenn Gefahr droht und kann im Stoffwechsel in Sekundenschnelle Stressreaktionen auslösen. Unser Körper macht sich instinktiv bereit, um entweder blitzschnell zu kämpfen oder zu flüchten (Kampf oder Flucht/ Fight or Flight). Da uns in höchster Not der Verstand nur hinderlich wäre, übernimmt unser Körper die Kontrolle. Er schüttet einen Cocktail an Hormonen aus, unter anderem Adrenalin und Noradrenalin, damit wir zur Tat schreiten können. Dieser Hormoncocktail sorgt dafür, dass sich unser Herzschlag erhöht, die Atemfrequenz steigt, die Muskeln sich anspannen und Funktionen, die in diesem Überlebensmechanismus nicht benötigt werden, moduliert (z.B. heruntergefahren) werden, wie zum Beispiel Darmtätigkeit oder Immunsystem. Dieser Modus sichert unser Überleben.

Allerdings unterscheidet unser Körper dabei nicht zwischen einer Bedrohung durch einen aggressiv auftretenden Chef und einem angreifenden Tiger. Wir fühlen uns von beiden bedroht, und der Sympathikus regiert unser Verhalten.

Bei dieser Form der Stressreaktion konzentriert sich unser Gehirn ausschließlich auf die unmittelbare Bedrohung; der rationale Teil des Gehirns wird eingeschränkt.

Das erholungsfördernde System ist dagegen dafür zuständig, dass wir uns wieder beruhigen, wenn die Gefahr vorüber ist. Der Parasympathikus reguliert die Erregung herunter, der Herzschlag verlangsamt sich, die Muskeln entspannen sich, die Bronchien normalisieren sich wieder, und die abgeschalteten Körperfunktionen, wie z.B. das Immunsystem und der Darm, fahren wieder hoch. Das System schaltet auf Entwarnung.

Die HPA-Achse

Die hormonelle Reaktion auf Stress wird auf der sogenannten Hypothalamus-Hypophysen-Nebennieren-Achse (HHN-Achse bzw. auf Englisch HPA-Axis: hypothalamic-pituitary-adrenal axis) reguliert, ein neuroendokrines System, das bei Stress aktiviert wird. Bestimmte Nervenzellen in einem Bereich des Hypothalamus geben das

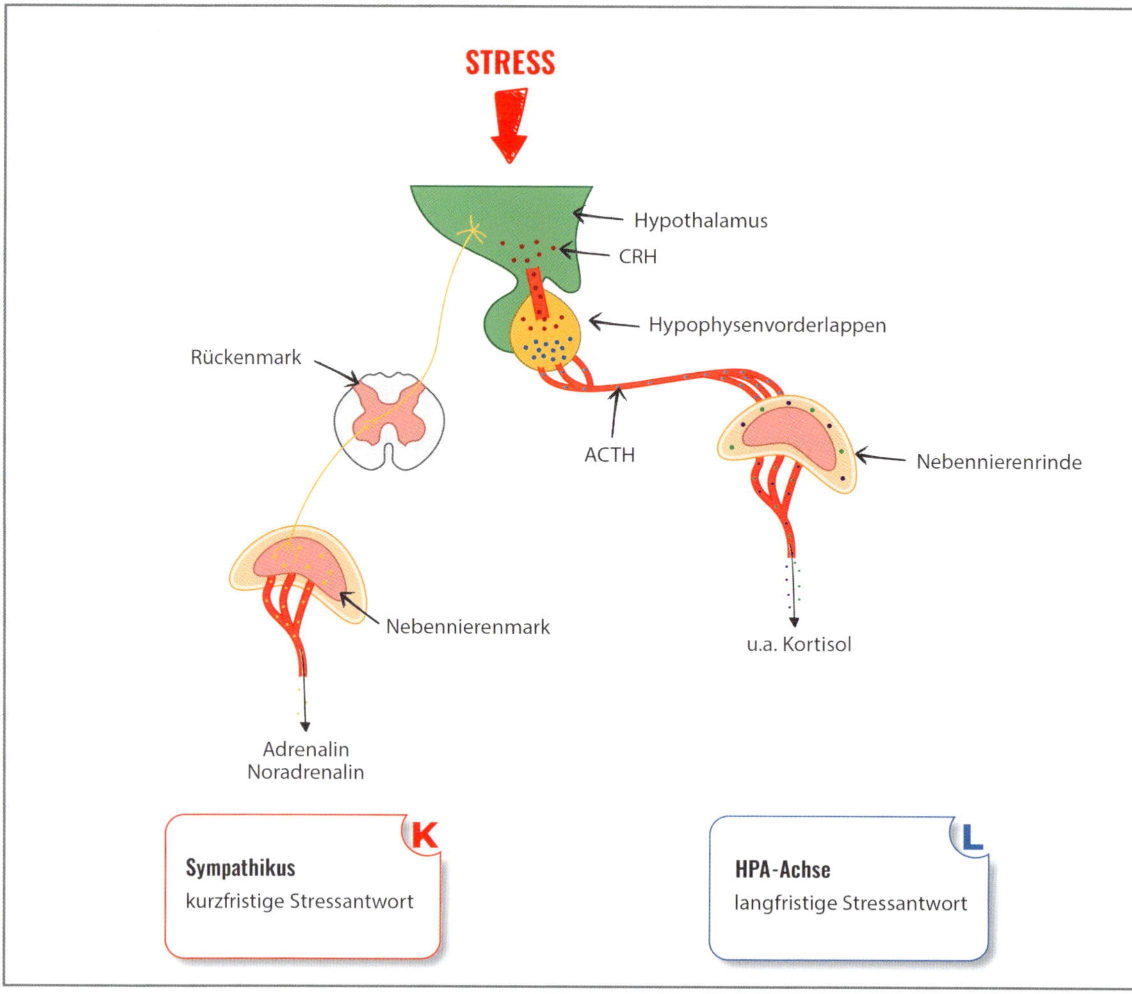

Stressreaktionsachsen, Go.Find. Folge der Freude

sogenannte Corticotropin-freisetzende Hormon (CRH = Corticotropin-Releasing-Hormon) ab, das an die Rezeptoren in der Hypophyse bindet. Diese wiederum bewirkt die Freisetzung des adrenokortikotropen Hormons ACTH in den Blutkreislauf. Das ACTH bindet an die Nebennierenrinde und aktiviert die Synthese von Glukokortikoiden wie Cortisol. Sie fungieren als nachgeschaltete Modulatoren für die Stressreaktion. Sind genügend Glukokortikoide im Körper vorhanden, wird dies an die Hypophyse und den Hypothalamus gemeldet (negative Rückkopplung) und die Produktion wird gedrosselt. Die hormonelle Stressreaktion wird über die Ausschüttung und Regulation spezifischer Hormone gesteuert.

Um Stress und die Stressreaktionen im Körper genauer zu verstehen, schauen wir uns nun die zugehörigen Botenstoffe an. Dies gibt uns wichtiges Hintergrundwissen, um unseren Hund optimal zu trainieren und ihn in seinen Reaktionen besser zu verstehen.

Botenstoffe

Botenstoffe sind chemische Substanzen im Körper, die Informationen zwischen Zellen weitergeben. Als Botenstoffe fungieren Hormone und Nervenbotenstoffe (Neurotransmitter), wobei einige dieser Substanzen beide Funktionen erfüllen.

Hormone

Das Wort Hormon leitet sich aus dem Griechischen ab und bedeutet wörtlich: »Antreiben, in Bewegung sein.«

Schon Hippokrates hat sich mit den Hormonen des Urins beschäftigt. Er erkannte, dass ein süßlicher Geschmack des Urins auf das Vorhandensein von Zucker hinweist, was ihm bereits vor über 2.300 Jahren eine Diagnose der Zuckerkrankheit (Diabetes mellitus) ermöglichte.

Im Gehirn waltet der Hypothalamus über die Hormone. Er bildet mit der Hypophyse die hormonelle Schaltzentrale, die Hauptschnittstelle zwischen dem Gehirn und dem Hormonsystem (endokrines System). Die Hormone wirken entweder direkt auf ein Organ oder regen eine weitere Drüse zur Bildung von Hormonen an. Hauptziel des Gehirns bzw. des Hypothalamus ist es dabei, den Organismus möglichst im Gleichgewicht zu halten bzw. die verschiedenen Einflüsse, denen unser Körper von außen ausgesetzt ist, bestmöglich abzufedern (Homöostase).

Gleichzeitig liefern Hormone dem Gehirn Informationen aus dem gesamten Körper zum Beispiel über:
- den Zustand unserer Muskeln
- unsere Kondition
- einzelne Organe

und beeinflussen darüber mit, wie das Gehirn wirkt.

Vereinfach gesagt, nutzt das Gehirn den Hormonhaushalt als Rückmeldesystem, um Informationen aus dem Körper zu erhalten und körperliche Prozesse zu regulieren.

Zum Beispiel sendet es eine Nachricht an die Nebennierenrinde und das Nebennierenmark, mehr Cortisol oder Noradrenalin zu produzieren, wenn wir erste Anzeichen von Stress zeigen.

Die wichtigsten Unterschiede zwischen Hormonen und Neurotransmittern

Hormone	Neurotransmitter
werden in endokrinen Drüsen hergestellt	Ausschüttung von präsynapt. Nervenzellen
Abgabe in das Blut und Lymphsystem	Abgabe in den synaptischen Spalt
wirken an Zielzellen mit spezifischen Rezeptoren	Bindung an Rezeptoren der Nachbarzelle
Wirkung im gesamten Körper	Wirkung räumlich begrenzt
wirken langsam (Sekunden, Minuten bis Tage)	wirken schnell (häufig innerhalb von Millisekunden)
Wirkung hält länger an	nur kurze Wirkung
Regulation durch hormonelle Regelkreise	wirken erregend oder hemmend
Ziel: Aufrechterhaltung des Gleichgewichts (Homöostase)	Ziel: Erregungsweiterleitung
in Pflanzen und Säugetieren weit verbreitet	bei Tieren als Botenstoffe des Nervensystems verbreitet

Wichtige Hormone für uns sind

- Cortisol
- Serotonin (wirkt auch als Neurotransmitter)
- Adrenalin (wirkt auch als Neurotransmitter)
- Noradrenalin (wirkt auch als Neurotransmitter)
- Oxytocin (wirkt auch als Neurotransmitter)

Wichtige Neurotransmitter für uns sind:

- Dopamin
- Adrenalin/Noradrenalin
- Oxytocin
- GABA (Gamma-Amino-Buttersäure)
- Glutamat
- Acetylcholin
- Serotonin

Eigenschaften und Wirkungen der Hormone

Adrenalin

Adrenalin zählt zu den Stresshormonen und wird in der Nebenniere gebildet. Bei Verdacht auf Gefahr, sendet der Hypothalamus ein Signal an die Nebenniere, Adrenalin auszuschütten und den Körper bestmöglich auf die drohende Gefahr vorzubereiten. So wird über Adrenalin ein Enzym aktiviert, das Fett in Fettsäuren umwandelt. Dadurch wird dem Körper Energie zur Verfügung gestellt. Die Bronchien werden erweitert, sodass eine bessere Sauerstoffversorgung ermöglicht wird, die Herzfrequenz erhöht sich und der Blutzuckerspiegel steigt. Der Körper ist handlungsfähig.

Noradrenalin

Noradrenalin kann sowohl als Hormon als auch als Neurotransmitter wirken. Es ist an allem beteiligt, was uns im Angesicht von Gefahr auf Kampf oder Flucht (Fight or Flight) vorbereitet und immunologische Prozesse moduliert. Wie sein großer Bruder Adrenalin trägt es dazu bei, dass wir in stressigen Situationen mehr Energiereserven nutzen können. Es hilft uns, in einer Stresssituation schnell zu reagieren, indem es alles in Bewegung setzt mit dem einzigen Ziel, mit der Gefahr klarzukommen und sich nicht vom Stress überwältigen zu lassen.

Cortisol

Cortisol ist verantwortlich für Ruhe und Aktivität im Tagesverlauf. Der Cortisolspiegel im Blut folgt einem natürlichen Tagesrhythmus. Nach einem Tief in der Nacht steigt er bis zu den frühen Morgenstunden auf ein Maximum an, um den Aufwachprozess einzuläuten und uns fit für den Tag zu machen. Danach sinkt der Cortisolspiegel wieder nach und nach ab.

Geraten wir in Angst oder Stress kommen wir in einen Cortisolüberschuss, in dessen Folge das Cortisol mit seinen schnell wirkenden Anteilen unseren Körper dabei unterstützt, sich nach der Aktivierung von Noradrenalin und Adrenalin auf einen Stressor einzustellen. Es stimuliert die Aufmerksamkeit.

Nach dem Stress sorgt es für die Rückkehr in den Ruhemodus. Es sorgt dafür, dass sich das System wieder herunterfahren kann, und reguliert Entzündungsprozesse und beeinflusst die Aktivität des Immunsystems, die durch den (Nor)Adrenalinrausch erfolgt sind. Es sorgt vor allem auch dafür, dass wir uns wieder aus dem Angstmodus befreien können, der Notfallmodus abgeschaltet wird und das Arbeitsgedächtnis und der Cortex angeschaltet werden.

Die langsameren Effekte von Cortisol besänftigen also unsere Stimmung und erlauben uns, wieder klar zu denken. Dieser Effekt hilft sogar Menschen mit Phobien so sehr, dass sie bewusst Cortisol einnehmen, bevor sie sich wieder mit ihrer Angst konfrontieren.

Aber: Da Cortisol mit dem Blutkreislauf auch wieder zurück ins Gehirn gelangt, kann es dort auf emotionale (Angst, Depression) und kognitive (Lernen, Gedächtnis) Prozesse einwirken.

Eine chronisch überhöhte Ausschüttung von Cortisol kann daher auch Angststörungen, Depressionen, Schlafstörungen, Immunsuppression etc. hervorrufen und Lernvorgänge hemmen.

Das Wichtigste in Kürze

Cortisol fördert:
- Energiebereitstellung
- Blutzuckerspiegel
- Körpertemperatur
- Blutdruck
- Atemfrequenz
- Aufmerksamkeit

Cortisol reduziert:
- Schmerz
- Entzündungen
- Autoimmunprozesse

Für uns wichtige Gegenspieler des Cortisols:
- Serotonin
- Oxytocin (hemmt Cortisolausschüttung)

Neben Stress kann auch Enttäuschung zur Ausschüttung von Cortisol führen.

Serotonin

Serotonin signalisiert dem Gehirn, dass es uns gut geht und wird im Volksmund oft als »Glückshormon« bezeichnet. Serotonin ist an der Regulation von Stimmung, emotionaler Stabilität und innerer Ausgeglichenheit beteiligt. Es ist ein Gegenspieler des Cortisols und wirkt entspannend, stimmungsaufhellend und angstlösend. Außerdem hat es einen positiven Einfluss auf viele kognitive Fähigkeiten.

Serotonin ist an der Verarbeitung sozialer Rückmeldungen beteiligt und kann Gefühle von Zufriedenheit und sozialer Sicherheit fördern – vergleichbar mit Stolz. Unser Gehirn ist sehr interessiert an diesem Ansehen, denn evolutionsbiologisch gesehen, konnten sich die Individuen, denen der größte Respekt entgegengebracht wurde, häufiger paaren und ihr Erbgut weitergeben. Daher strebt unser Gehirn nach Ansehen und belohnt uns mit Serotonin, wenn wir es erlangen. Jede Zelle wird durchströmt von diesem Wohlgefühl, und wir fühlen uns sicher und gut.

Serotonin wird aus der Aminosäure Tryptophan gebildet. Tryptophan ist eine essenzielle Aminosäure, die unser Körper nicht selbst herstellen kann und mit der Nahrung aufnehmen muss. Bei akutem Stress steigt der Spiegel an Serotonin kurzfristig an. Wird aus dem akuten chronischer Stress, sinken die Serotoninwerte, da es zum einen mehr verbraucht und zum anderen weniger gebildet wird.

Serotonin ist außerdem eine Vorstufe für Melatonin, hat somit Auswirkungen auf den Schlaf und ist an der Regelung des Schlaf-Wach-Zyklus beteiligt.

Das Wichtigste in Kürze

Serotonin fördert:
- Gedächtnisbildung
- aktiviert das Belohnungszentrum im Gehirn
- verbessert die Lernmotivation und die psychische Entspannung, die Arbeits- und Aufnahmefähigkeit erhöht sich –> sinnvolles Handeln wird erleichtert
- Impulskontrolle
- guten Schlaf als Vorstufe zum »Schlafhormon« Melatonin.

Serotonin reduziert:
- Depression
- Wut/Aggression

Serotoninmangel erzeugt Angststörungen, Schlafstörungen, erhöhte Aggressivität.

Antje und Akita lieben das Trailen im Grünen und genießen den »stimmungsaufhellenden Faktor«.

Kuscheln und das Futter am Ende runden das schöne Erlebnis ab.

Oxytocin
Das Oxytocin ist als das »Kuschelhormon« bekannt. Es spielt eine wichtige Rolle bei der Einleitung der Geburt, der Festigung der Mutter-Kind-Beziehung, der Förderung des Zusammengehörigkeitsgefühls von Paaren und für die Aufnahme und Pflege von sozialen Kontakten. Zum Beispiel verbessert es das Erkennen und Erinnern an eine Person und die guten Gefühle, die wir mit ihr verbinden. Es hilft dabei, emotionale und soziale Signale zu erkennen und fördert die soziale Motivation. Es bewirkt außerdem, dass wir leichter und mehr Vertrauen zu anderen Personen entwickeln können. Es erleichtert das Mitgefühl für andere und hilft uns, Kontakte zu anderen herzustellen und Sicherheit in der Gemeinschaft zu suchen. Gleichzeitig kann Oxytocin das Verteidigungsverhalten gegenüber als bedrohlich wahrgenommenen Außenstehenden beeinflussen.

Oxytocin wird durch Berührung und Vertrauen stimuliert. Bei Tieren gehen Berührung und Vertrauen Hand in Hand. Zusammen mit Oxytocin werden häufig endogene Opioide ausgeschüttet, die das Wohlgefühl innerhalb der sozialen Kontakte vermitteln. Ebenso wird zusammen mit Oxytocin häufig Serotonin ausgeschüttet. Soziale Allianzen begünstigen das Überleben, und Säugetiere haben ein Gehirn entwickelt, das dafür sorgt, dass sich diese Allianzen für sie gut anfühlen.

Weil sich einige der Oxytocin produzierenden Nervenzellen in den Hypophysenhinterlappen erstrecken, wird Oxytocin neben seiner Tätigkeit als Neurotransmitter auch als Hormon über die Blutbahn weitertransportiert. Als Hormon ist es vor allem für den Geburtsvorgang essenziell und ist darum in Wehentropfen enthalten, hilft es doch durch Gebärmutterkontraktionen die Geburt einzuleiten.

Oxytocin wirkt an vielen verschiedenen Stellen im Körper und beeinflusst im Wesentlichen Folgendes:

- die Regulierung von Angst
- soziale Beziehungen
- das Wohlbefinden
- innere Ruhe
- die Schmerzempfindlichkeit
- den Spiegel von Stresshormonen (Oxytocin ist ein Gegenspieler von Cortisol)
- Beeinflussung von Puls, Blutdruck und die Aktivität des Magen-Darmtrakt.

Das Wichtigste in Kürze

- Kuschelhormon
- hemmt Cortisolausschüttung
- Bildungsort Hypothalamus
- fördert soziale Beziehungen
- erhöht Verteidigungsverhalten gegenüber Angreifern

Werfen wir nun einen Blick auf die chemische Kommunikation im Gehirn und lernen die Nervenbotenstoffe (Neurotransmitter) kennen.

Neurotransmitter

Neurotransmitter sind Botenstoffe für die Kommunikation zwischen Nervenzellen, sie wirken sehr schnell und lokal begrenzt. Damit die Nervenzellen miteinander kommunzieren können, müssen sie miteinander in Verbindung treten und Netzwerke bilden. Dies geschieht über die Synapsen, zelluläre Strukturen, die Nervenzellen (Neuronen) miteinander verbinden und entweder elektrische Signale oder chemische Botenstoffe zwischen den Zellen weiterleiten. Die sendende Nervenzelle schickt chemische Botenstoffe (Neurotransmitter) über den synaptischen Spalt zwischen den Zellen an die nächste Zelle weiter. In der empfangenden Nervenzelle wird das chemische Signal in ein elektrisches übersetzt und bei entsprechender Stärke weitergeleitet. Neurotransmitter können exzitatorisch (erregend, stimulierend) und inhibitorisch (hemmend) wirken.

Dopamin

Dieser Botenstoff wird umgangssprachlich oft als »Glücksbotenstoff« bezeichnet, spielt neurobiologisch jedoch vor allem eine zentrale Rolle bei Motivation, Belohnungserwartung und zielgerichtetem Verhalten. Dopamin gehört zu den Katecholaminen, eine Unterklasse der Monoamine. Ein Hauptmerkmal der Monoamine ist, dass sie im gesamten Zentralnervensystem und im peripheren Nervensystem verteilt sind. Die Ausgangssubstanz für die Synthese der Katecholamine ist Tyrosin, eine nichtessenzielle Aminosäure. Tyrosin wird zu Dopa hydroxyliert. Dopa wird mithilfe des Coenzyms Pyridoxalphosphat (PALP) in sein biogenes Amin Dopamin umgewandelt. In noradrenergen Neuronen und im Nebennierenmark wird Dopamin zu Noradrenalin hydroxyliert, aus dem dann mithilfe von S-Adenosylmethionin Adrenalin gebildet werden kann.

Die Wirkungsweise von Dopamin

Dopamin wirkt als zentraler Antreiber im Belohnungssystem des Gehirns, indem es Motivation und die Erwartung eines positiven Ergebnisses fördert. Es ruft die Freude hervor, Dinge zu entdecken, die unseren Bedürfnissen entsprechen – den Aha-Effekt, wenn man eine Aufgabe gelöst hat. Dieses selbst verschaffte Erfolgserlebnis erhöht die Dopaminausschüttung und verknüpft den Lernerfolg mit einer freudigen Erwartungshaltung. Gleichzeitig wird das Gelernte fixiert und ebenso der Lösungsweg dorthin. Damit fördert Dopamin die Gedächtnisbildung.

Dopamin motiviert dazu, sich dafür anzustrengen, das zu bekommen, was man will oder benötigt. Die freudige Erwartung weckt Verlangen und ist damit ein wichtiger Motivator. Ein hungriger Löwe erwartet eine Belohnung, wenn er eine einzelne Gazelle sieht. Ein durstiger Elefant erwartet eine Belohnung, wenn er Anzeichen für ein Wasserloch findet. Ein Mantrailerhund erwartet einen tollen Trail, wenn er sich auf dem Weg zum Start befindet. Ist das gewünschte Ereignis eingetreten, nimmt die Dopaminausschüttung ab und Endorphine sorgen für ein angenehmes Gefühl. Auch im Flow-Erlebnis, dem Zustand höchster Konzentration und völliger Versunkenheit in eine Tätigkeit, wird Dopamin ausgeschüttet.

Die Schattenseite ist, dass Dopamin süchtig machen kann. Im Hundewesen begegnet uns zum Beispiel der Balljunkie: Er liebt seinen Ball über alles. Ist der Ball dabei, wird alles andere zur Nebensache. Das Ballspielen wirkt selbstbelohnend, da beim Hetzen des Balles verschiedene Substanzen (vor allem Dopamin) ausgeschüttet werden, die ein gutes Gefühl machen und früher oder später zu einem Suchtverhalten führen können. Besonders gefährdet sind vor allem Hunde, die in reizarmer Umgebung aufgewachsen sind, da sie eine Dysregulation des Dopaminsystems aufweisen können.

■ Das Wichtigste in Kürze

- **Dopamin** erzeugt Glücksgefühle
- Freisetzung vor allem durch überraschende, positiv assoziierte Reize
- Dopaminmangel erzeugt höhere Erregbarkeit und Ängste, Lernblockaden und eine geringere Endorphinproduktion. Es kann zu Depressionen kommen, die positiven Gefühle nehmen ab.
- Ein Dopaminüberschuss führt zu (psychischer) Unruhe, Impulsivität, Aggressivität, Ideenflucht und Wahnideen.

Adrenalin und Noradrenalin

Während Adrenalin vorzugsweise als Hormon wirkt, agiert Noradrenalin auch auf Neurotransmitter-Ebene. Das als Neurotransmitter fungierende Noradrenalin wird im Locus caeruleus, einem Kern im Hirnstamm, synthetisiert und wirkt auf den Sympathikus. Wie bereits oben geschildert, wird in stressreichen Situationen vermehrt Noradrenalin ausgeschüttet. Noradrenalin erhöht sehr rasch den Blutdruck, die Herzschlagfrequenz, den Blutfluss ins Muskelgewebe und die allgemeine Aufmerksamkeit. Zudem regt Noradrenalin noch die körpereigene Bereitstellung von Energie an. Damit steht Noradrenalin wie Adrenalin im Zusammenhang mit der Vorbereitung auf sogenannte »Fight-or-Flight-Situationen«. Es steigert die Aufmerksamkeit und erleichtert die chemische Reizweiterleitung, so dass Erregung und Handlungsbereitschaft steigen.

Zusammen mit Dopamin wirkt es als Lernverstärker: ein Erfolgserlebnis unter erhöhter Noradrenalinproduktion wird als erfolgversprechende Strategie abgespeichert, und es wird am Erfolg gelernt.

■ Das Wichtigste in Kürze

Noradrenalin fördert:

- Blutdruck- und Herzfrequenzanstieg
- Verengung der Blutgefäße
- im Zusammenspiel mit Adrenalin auch die Wachheit und Konzentration
- Motivation

Noradrenalinmangel führt zu Antriebslosigkeit, Konzentrationsschwäche und Ängstlichkeit. Ebenso wird eine Entwicklung von Depressionen mit einem Noradrenalinmangel in Verbindung gebracht.

Oxytocin

Das Oxytocin zirkuliert nicht nur im Blut, sondern auch im Gehirn und steuert so die Aktivität bestimmter Nervenzellen. Seine Wirkung wurden schon bei den Hormonen beschrieben und bedarf im Bereich Mantrailing keiner weiteren Ergänzung.

GABA

Die Evolution hat uns mit einer guten Portion an körpereigenem Beruhigungsmittel ausgestattet: GABA. Die Abkürzung kommt durch den englischen Namen zustande: Gamma-Aminobutyric acid zu deutsch: Gamma Amino Buttersäure. GABA wird aus Glutamat gebildet und wirkt als hemmender Neurotransmitter vor allem im zentralen Nervensystem. Kein Neurotransmitter kommt so häufig in unserem Nervensystem vor wie GABA, der der am häufigsten vorkommende hemmende Neurotransmitter im Nervensystem ist.

GABA wirkt angstlösend und stark beruhigend. Wenn der GABA-Spiegel hoch ist, lassen wir uns nicht so schnell erschüttern. Wir bleiben ruhig und entspannt. Es lässt unsere Muskulatur entspannen, vor allem auch während des Schlafens, und neue Kraft schöpfen. GABA bewirkt, dass Reize, die im Nervensystem ankommen, verlangsamt bzw. gar nicht weitertransportiert werden. Im Grunde hemmt GABA genau die Signale, welche durch Stressreaktionen ausgelöst werden und zu den motorischen Zentren des Gehirns gelangen wollen. Ein Mangel an GABA kann z.B. epileptische Anfälle auslösen, da die Aktivierung der Nervenzellen außer Kontrolle gerät.

■ Das Wichtigste in Kürze

- hemmt Nervenzellen und verhindert Überstimulation
- fördert Entspannung
- vermindert Ängste und Sorgen

Glutamat
Glutamat ist ein aktivierender Neurotransmitter in vielen Hirnregionen und spielt eine zentrale Rolle bei der Weiterleitung von Sinneswahrnehmungen und Lernprozessen. Bei der Übermittlung von Sinneswahrnehmungen ist es unverzichtbar. Auf dem Trail fördert es die Lernleistung, wenn der GABA/Glutamat-Spiegel ausgeglichen ist.

Acetylcholin
Acetylcholin ist der Turbobooster für Lernen und Verarbeiten und damit einer der wichtigsten Nervenbotenstoffe. Es spielt eine zentrale Rolle bei Lern-, Aufmerksamkeits- und Verarbeitungsprozessen im Nervensystem. Sowohl die Erregungsübertragung von Nervenfaser auf Muskelfaser als auch die vegetativen Funktionen (u.a. Herzschlag, Atmung und Verdauung) werden durch Acetylcholin gesteuert. Viele kognitive Prozesse sind an Acetylcholin als Botenstoff gebunden. Es scheint erwiesen, dass Acetycholin bei Lernvorgängen eine maßgebliche Rolle einnimmt. Ist zu wenig Acetycholin vorhanden, können wir uns z.B. nicht mehr so gut konzentrieren und die Gedächtnisleistung wird schlechter bis hin zur Demenz.

■ Das Wichtigste in Kürze

- im ZNS für Kognition, Lernen und Antrieb (Turbobooster)
- im PNS vermittelt es Signale zwischen Nerven und Muskeln

Endorphine
Auch die Endorphine gehören zu den Neurotransmittern. Endorphine sind in erster Linie ein körpereigenes Schmerzmittel, endogenes Morphin. Sie binden an Rezeptoren in Rückenmark und Gehirn und verhindern, dass Schmerzreize in das schmerzverarbeitende Zentrum im Gehirn weitergeleitet werden. Auch wenn durch immense Anstrengung oft heftiger Schmerz entstehen kann, erzeugen Endorphine eine Art selektives Vergessen, das den Schmerz überdeckt – oftmals Euphorie genannt. Evolutionsbiologisch hatte das wohl den Grund, dass auf diese Weise ein Lebewesen motiviert und in die Lage versetzt wird, selbst bei schwerwiegenden Verletzungen noch die Flucht zu ergreifen.

Neben seiner Hilfe bei Schmerzen, Atemnot und Durchfall quittiert Endorphin aber vor allem auch den Erhalt sämtlicher schöner Dinge, zu denen uns Dopamin motiviert hat. So wirkt es gemeinsam mit Dopamin als Lernverstärker.

Endorphine unterstützen somit sowohl die Bildung unseres Schmerz- als auch unseres »Glücks«-Gedächtnisses.

■ Das Wichtigste in Kürze

- endogenes Morphin
- Ausschüttung nur in kurzen Schüben
- Bildungsort Hypothalamus, Hypophyse sowie weitere Bereiche des zentralen Nervensystems
- werden sowohl durch Notfallsituationen als auch durch positive Ereignisse freigesetzt

Aktivierung, Stress und Lernen

Hier möchten wir den Bogen schlagen und mit Hilfe des Yerkes-Dodson-Gesetzes darstellen, welches Aktivierungsniveau (Stresspegel) zum Lernen optimal ist.

Das Yerkes-Dodson-Gesetz beschreibt den Zusammenhang zwischen Aktivierung (Stress)

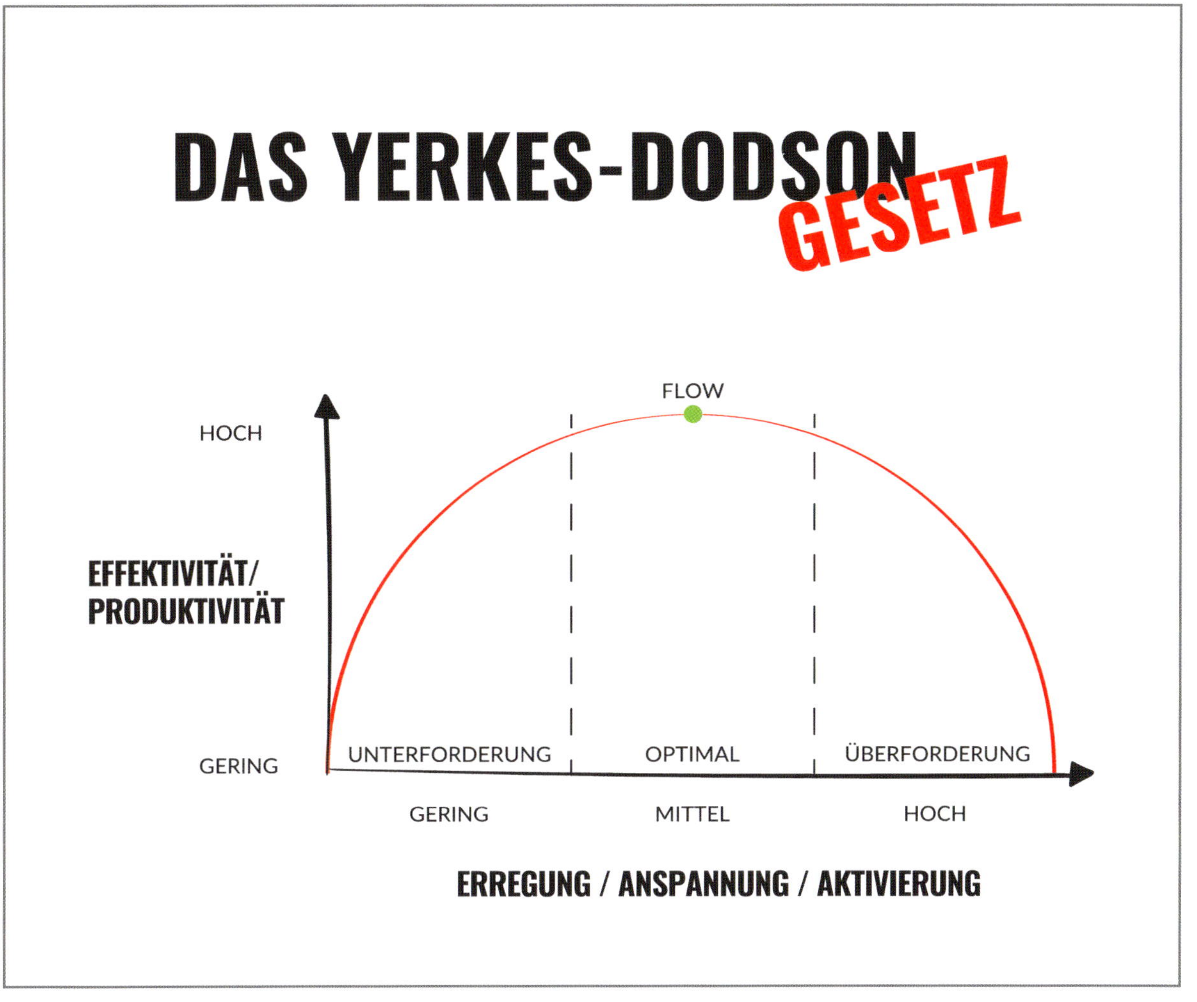

und Produktivität/Leistung. Es besagt, dass sowohl sehr niedrige als auch sehr hohe Aktivierungsniveaus mit einer verminderten Leistungsfähigkeit einhergehen. Eine gesunde und förderliche Anspannung auf mittlerem Niveau hingegen ermöglicht ein Optimum an Effektivität und Produktivität. Ist die Erregung zu niedrig, sind die Hunde inaktiv und gelangweilt; ist die Erregung zu hoch, sind sie überaktiviert und können sich vor Angst oder Überforderung nicht auf das Wesentliche konzentrieren. Das Gesetz lässt sich übrigens ebenso auf die lernenden Hundeföher*innen anwenden. Je mehr man sich zu den Extremen bewegt, desto weniger Leistung wird möglich. Dies können wir uns im Training zu Nutze machen, indem wir Trails legen, die den Hund und seinen Menschen adäquat fordern. Dafür müssen wir das Team in seiner Leistungsfähigkeit gut einschätzen können und wissen, womit wir es fordern können, ohne es zu über- oder unterfordern.

Dann erzielen wir ein gutes Lernergebnis mit einer guten Hormon- und Neurotransmitterlage bei Hund und Mensch. Wir arbeiten voller Freude mit unserem »Teampartner Hund« an den gestellten Trainingsaufgaben und erzielen gleichzeitig ein gutes Teambuilding. Das gegenseitige Vertrauen und Verständnis wächst, da in einem Bereich trainiert wird, der bestmögliche Ergebnisse erreichen lässt.

DAS SUCHTEAM

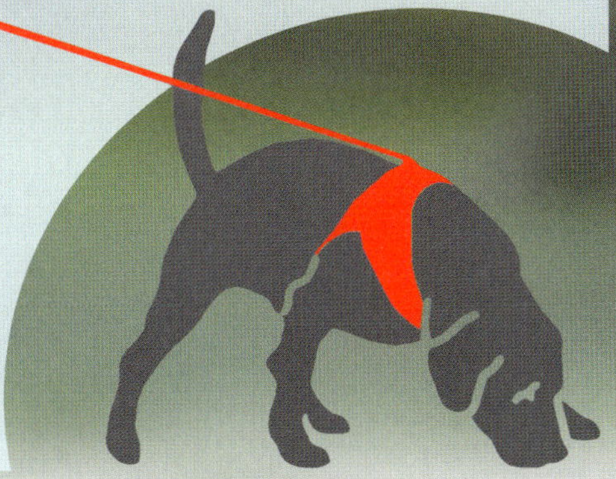

Ein Hund, der sich freudvoll ins Geschirr legt.

Für die gemeinsame Arbeit auf hohem Niveau, die sowohl eine erstklassige Suchleistung als auch wirkliche Zufriedenheit für Hund und Mensch bringt, brauchen wir das bedingungslose gegenseitige Vertrauen innerhalb des Suchteams. Ziel ist, dass Mensch und Hund sich hundertprozentig hingeben und auf ihren Partner verlassen können.

Je stärker das Team in der Hingabe zueinander und Anerkennung der Leistung des anderen ist, desto besser wird ihre gemeinsame Arbeit sein. Gibt es Disharmonie zwischen Hund und Hundeführer, so gilt es diese zu lösen, um das Fließen der gemeinsamen Arbeit zu fördern:

Anerkennung, Vertrauen, Wohlwollen und Empathie gegenüber beiden Teampartnern sind für uns von größter Wichtigkeit.

Aber fangen wir noch etwas weiter vorne damit an, uns das Suchteam im Mantrailing genauer zu betrachten: Als Erstes ist festzuhalten, dass es aus den zwei interagierenden Partnern Mensch und Hund besteht, die über die Leine miteinander verbunden sind.

Der Hund spürt die Leine (und damit seinen »Teampartner Mensch«) am Körper über das Geschirr, das weder die Atmung am Hals und im Zwerchfell noch die Gelenke des Hundes behindern darf. Außerdem soll es möglichst ruhig sitzen, ohne zu verrutschen, um Irritationen beim Hund zu vermeiden. Ist all dies gegeben, kann er die Einwirkung über die Leine als angenehm und damit den Menschen als guten Begleiter empfinden. Er wird weniger Stress wahrnehmen und entspannter mit seinem Menschen arbeiten können als ein Hund, der ein unpassendes Geschirr trägt, in seiner Atmung behindert wird oder gar Irritationen oder Schmerzen beim Laufen erfährt. Hier lohnt es sich immer, einmal mehr genauer hinzusehen.

Der Mensch wiederum hält die Leine mit seinen Händen. Sie soll sich für ihn »gut« anfühlen, also vom Material und von der Menge her zu ihm passen. Die Zugkraft des Hundes, die über die Leine übertragen wird, muss für den Menschen möglichst händelbar sein und als angenehm empfunden werden. Er soll den Hund schmerzfrei führen und sicher vor Gefahren schützen können. Ist dies nicht der Fall, löst das unweigerlich Stress beim Menschen aus, weshalb er die Zusammenarbeit mit dem Hund im Mantrailing als unangenehm empfinden wird und somit nicht in den harmonischen Gleichklang kommen kann.

Ebenso schwierig kann es für den Hundeführer sein, wenn er ein hohes Energieniveau hat, vorwärts gehen möchte, der Hund aber langsam daher trottet. Beides können wir durch gutes Training verändern. Wir können den Hund sowohl ruhiger und konzentrierter laufen lassen als auch schneller und motivierter. Wie dies funktionieren kann, erklären wir euch später noch.

Wir haben nun also das über die Leine verbundene Suchteam. Am vorderen Ende folgt der Hund seiner Nase, seinem Instinkt und dem erlernten Suchverhalten. Er zieht hieraus die Schlüsse und die Motivation während der Arbeit und nutzt den Raum, den er vom Hundeführer bekommt, um die Spur zu suchen und zu verfolgen.

Damit kommen wir zu einer wichtigen Frage, die die gesamte »Mantrailingszene« bewegt: Wie viel Raum bekommt der Hund, wie stark greift der Mensch in das Suchverhalten ein oder nicht, wie viel agiert er idealerweise?

Hierzu gibt es unterschiedlichste Ansätze. Einige Gruppen nehmen sehr aktiv Einfluss auf den Hund bzw. die gemeinsame Arbeit. Dies geschieht über die Leine und Körperhaltung bzw. -ausrichtung sowie über Stimmkommandos. Andere lehnen solche Einflussnahme komplett ab und lassen den Hund möglichst frei arbeiten.

Wir sehen sowohl im einen als auch im anderen Extrem einige Probleme und befürworten die Mitte: Wir möchten starke, eigenständig arbeitende Hunde sehen, die voller Motivation und Freude ihren Trail arbeiten. Gleichwohl möchten wir auch Hundeführer sehen, die ihren Hund sichern, ihn unterstützen und bei ihm sind, wo dies sinnvoll ist.

Welcher Einfluss des Menschen ist zu viel und warum?

Nimmt der Hundeführer im Training über Leine und Körpersprache starken Einfluss auf die Arbeit des Hundes, wird eine erfolgreiche Suche des Teams im Doubleblind (sei es im Training oder im Einsatz) als Folge fast unmöglich.

Der Hundeführer hält bei dieser Arbeitsweise zum Beispiel den Hund an, wenn er droht falsch zu laufen, oder er dreht sich teilweise auch unwissentlich mit Füßen und Schultern in die richtige Richtung und zeigt dem Hund damit den richtigen Spurverlauf. Dies ist möglich und passiert sehr schnell, wenn der Hundeführer den Trail kennt oder der Trainer ihn verbal oder körpersprachlich vorgibt, wie wir euch im Abschnitt »Als Trainer lesbar sein« geschildert haben. Der Hund, der über Jahrhunderte auf die Zusammenarbeit mit dem Menschen gezüchtet wurde, gewöhnt sich sehr schnell daran, sich eher auf die Hinweise des Menschen hinter ihm zu verlassen als auf seine Nase: Er arbeitet »rückorientiert«, ist mit seiner Aufmerksamkeit eher hinter sich als eigenständig mit seiner Nase nach vorne zu arbeiten. Im doppelblinden Suchen kann dies zu kilometerlangen Suchstrecken führen, die der Hund absolut überzeugend in völlig falscher Richtung arbeitet.

Dieses Suchverhalten kann man sich vorstellen wie ein ferngesteuertes Spielzeugauto: Der rückorientierte Hund bekommt die Hinweise zur Richtung vom Hundeführer über dessen Blick, Schulterausrichtung, Körperaufrichtung, die Schnelle der Schritte und vieles mehr.

Das wissende Suchen ist sehr effektvoll, es wirkt absolut überzeugend für die Show im medialen Bereich, da es für Außenstehende ohne Kenntnisse über das Mantrailing und die Kommunikation zwischen Hund und Mensch aussieht, als würde der Hund allein die Spur suchen und verfolgen. Als Aufbau zum realen Sucheinsatz ist diese Trainingsweise jedoch unbrauchbar. Hier geht es darum, eine unbekannte Spur erfolgreich zu verfolgen, und dafür braucht es starke Hunde, die ihre Nase selbstbewusst nutzen und auch mal gegen die Gedanken der Hundeführer arbeiten.

Welcher Einfluss des Menschen ist uns zu wenig und warum?

Lehne ich als Hundeführer den Einfluss auf die Sucharbeit des Hundes komplett ab, erziele ich im besten Fall einen Hund, der sehr stark allein arbeitet. Gleichzeitig gehe ich jedoch die Gefahr ein, dass der Hund sich überarbeitet, wo ich behilflich sein und Ressourcen schonen könnte. Sehe ich beispielsweise, dass der

Clou arbeitet hier bereits sehr eigenständig vorweg.

Die positiven Aspekte unseres Trainings zeigen sich auch im Alltag.

Hund gegen mich wenden möchte, ist es für mich selbstverständlich, dass ich als Teampartner sage: »Okay, ich sehe es. Ich mache dir den Weg frei, damit du es leichter hast.« So funktioniert Teamarbeit! So sparen wir uns unnötig lange Wege und vor allem auch kostbare Zeit.

Ein noch wichtigerer Aspekt ist, dass ich einen Hund, der es gewohnt ist, vollkommen ohne das Eingreifen des Menschen zu arbeiten, im Suchverhalten behindere, wenn ich ihn plötzlich vor Gefahren wie z.B. Autos schützen muss. Gewöhne ich den Hund im Training frühzeitig daran, dass ich als Teampartner gegebenenfalls eingreife, lernt er problemlos auf den Menschen zu reagieren und anschließend wieder unbeeindruckt weiterzuarbeiten. Dazu, wie dieses Eingreifen aufgebaut wird, kommen wir noch.

Nicht zuletzt bleibt das Gefühl, dass der Spaß an der gemeinsamen Arbeit am größten ist, wenn beide Teampartner sich mit den besten Fähigkeiten ihres Spezialgebietes einbringen: Der Hund mit seiner überaus guten Nase und der tief verwurzelten Anlage eine Spur zu verfolgen sowie dem Wunsch, mit dem Menschen gemeinsam zu arbeiten, der Mensch mit dem Ansinnen, die Fähigkeiten des Hundes gewinnbringend für sich zu nutzen und seinen treuen Begleiter vor jeglichen Gefahren zu schützen.

Wie in allen anderen Bereichen gilt auch im Mantrailing: Teams, die gelernt haben, die Stärken des Partners zu schätzen und zu nutzen sowie die Schwächen aufzufangen und auszugleichen sind um Welten stärker als alle anderen.

Wir lassen den Hund arbeiten, er hat die Nase und kennt den Weg, wo auch immer dieser entlangführt. Als Hundeführer passen wir auf, dass der Weg sicher ist und der Hund »Sperrungen« und »Umleitungen« akzeptiert bzw. nach kurzer Zeit wieder ungehindert weiterarbeiten kann.

Ein wesentlicher Faktor ist dabei natürlich auch die Beziehung des Menschen zum Hund. Je näher sie einander sind, desto besser wird der Mensch auf den Hund eingehen, ihn führen und lesen können. Gleichzeitig erleben wir immer wieder, dass sich durch die gemeinsame Arbeit im Mantrailing eine deutliche Verbesserung in der Beziehung ergibt und große Nähe zwischen beiden wachsen kann. Deshalb ist uns neben einer positiven Stimmung für die Menschen im Training auch eine hohe Wertschätzung gegenüber dem Hund äußerst wichtig.

Das stärkste Beispiel hatte ich am Anfang meiner Trainertätigkeit. Damals kam eine ältere sehr herzliche Dame zu mir ins Training. Ihr Mann war vor mehreren Monaten verstorben, und der Jagdhund mittleren Alters, der sich sehr eng an den Mann gebunden hatte, trauerte (wie natürlich auch die Dame selbst) und mied sie. Wenn sie das Zimmer betrat, stand der Hund auf und ging. Es war ein trauriger Zustand. Sie fanden keinen Zugang zueinander. Die Dame war mit der Auslastung des Hundes vollkommen überfordert.

Wir hatten damals eine sehr nette Gruppe und viel Spaß beim Training. Sie war über ihre Tochter dazu gekommen. Der Hund lernte schnell, und die Hundeführerin war mit Eifer dabei. Auch wenn es manches Mal vielleicht etwas zu schnell für sie ging, gab sie doch alles für die gemeinsame Arbeit und die Freude.

Der Hund blühte nach und nach wieder auf. Erste Veränderungen begannen damit, dass er das Zimmer nicht mehr verließ, wenn sie es betrat. Mit den Wochen näherten sie sich immer weiter an, und ich erinnere mich noch an den Tag als sie überglücklich berichten konnte, dass der Hund sich zu ihren Füßen hingelegt hatte. Das sind die Momente, in denen ich die Trainertätigkeit liebe!

Die Verbindung ist auch außerhalb des Trailens spürbar.

Wir berichten von dieser Geschichte, weil sie darstellt, dass sich im Mantrailing über das Training hinaus das Miteinander verändert. Beide Teampartner fangen an, sich zu sehen. Wenn das Mantrailing auf achtsame, freundliche und anerkennende Art geschieht, lernen sie, sich bewusst wahrzunehmen und zu schätzen, aufeinander einzugehen. Über die gute Art der Sucharbeit schwingen wir uns im Miteinander eine Ebene höher, die uns dann wieder ermöglicht, in der Suche besser zu werden. So können wir Dimension für Dimension durchwandern bis hin zum intuitiven Mantrailing, das auf höchster Ebene sehr fein in der gegenseitigen Wahrnehmung abläuft.

Der Hund

Schauen wir uns nun die beiden Teampartner genauer an und beginnen wir mit dem Hund. Als Erstes ist es wichtig, dass der Hund fit ist. Er soll entspannt, ausgeruht und gesund zum Training kommen, nur dann kann er die volle Leistung bringen und auch nur dann ist es fair, die Arbeit von ihm zu verlangen.

Eigentlich ist dieser Anspruch ganz einfach, der Alltag zeigt leider aber immer wieder ein anderes Bild: Der Hund hat nachmittags einen zweistündigen Spaziergang mit halbstarken Kumpels tobend am Badesee verbracht und wird dann noch abends zum Training gefahren. Vielleicht musste er auch den ganzen Tag hinter seinem Frauchen herlaufen, die einen Urlaubstag im Haus verbrachte und ihn immer wieder ansprach, was der Hund, der sonst den Vormittag allein zu Hause verschläft, nicht gewohnt war. Eventuell hatte er den ganzen Nachmittag Besuch vom pubertierenden Nachbarrüden oder Futter gefressen, das er nicht gut verträgt oder seit zwei Tagen gar nichts gefressen wegen der läufigen Nachbarhündin oder seit drei Tagen Durchfall. Ebenso kann ein anstrengender Familienbesuch mit vielen schreienden Kindern seine ganze Aufmerksamkeit gekostet und vor allem seine Nerven strapaziert haben. Oder er humpelt vielleicht, weil er sich die Pfote vertreten hat. All dies sind Beispiele aus unserem Trainingsalltag, und es gibt noch viele mehr. Wir möchten die Aufzählung hier aber beenden und euch nur darum bitten, der Fitness und Belastbarkeit eures Hundes genügend Aufmerksamkeit zu widmen.

Wir laden euch herzlich ein, die Arbeit, die euer Hund leistet, zu schätzen und ernst zu nehmen. Ihr vermeidet damit Frust bei eurem Hund, bei euch selbst und letztendlich auch bei eurem Trainer. Plant das Training in euren

Bereit für ein neues Abenteuer.

Wochen- und Tagesablauf ein, sorgt vorher für Entspannung und Ruhe. Schaut euch euren Hund genau an: Hat er glänzendes Fell, leuchtende Augen, ein gutes Gangbild, wirkt er frisch und ausgeruht? Dann ist es richtig, zum Training zu fahren.

Mantrailing ist ein Job, eine Aufgabe, die Geist und Körper fordert. Die Kunst besteht darin, es leicht und spielerisch aussehen zu lassen. Dafür müssen die Parameter stimmen.

Je ausgeruhter der Hund ist, desto mehr Spaß hat er am Training. Das bereitet auch euch mehr Freude, und letztlich kann auch der Trainer dann zufrieden sein.

Ihr sorgt damit für eine gute Hormonausschüttung bei allen Beteiligten, die als Grundlage für das Lernen wichtig ist. Die Hormonlage am Ende des Trainings tragt ihr und vor allem der Hund als Erinnerung mit ins nächste Training. Oftmals zeigt sich erst dann, ob das letzte Training sinnvoll, passend und förderlich war.

Natürlich gilt auch bezüglich der Fitness des Hundes: keine Regel ohne Ausnahmen! Wir befürworten ein angepasstes Training z.B. bei Hunden mit Arthrose zur geistigen Auslastung oder im hohen Alter zur Abwechslung im sonst inzwischen eingeschränkten Alltag, ebenso wie bei ängstlichen oder depressiven Hunden, um sie zu stärken. Hier gilt jedoch ein anderes Ziel: Es geht nicht darum, die Suchleistung deutlich zu steigern, sondern das Wohlbefinden des Hundes zu erhöhen. Unsere Hundephysiotherapeutin, Kerstin Richter, freut sich immer wieder, dass sie mit dem Mantrailing eine Möglichkeit gefunden hat, ihren älteren Patienten ein geeignetes Beschäftigungsangebot zu machen. Das Training wird dafür genau auf die Bedürfnisse und Fähigkeiten sowie die Fitness des Hundes angepasst. Es ist wichtig, dass Hundeführer und Trainer offen und ehrlich über das Befinden des Hundes kommunizieren und nach dem Training auch Rückmeldung geben, sodass das nächste Training entsprechend geplant werden kann. Mit dieser sorgsam durchdachten Arbeit kann die Lebensqualität vieler Hunde gesteigert werden.

Damit sind wir aber eher im Bereich der Therapie als im Aufbau der Suchleistung eines Teams, weshalb wir hier nicht tiefer darauf eingehen wollen.

Wir haben nun also dafür gesorgt, dass der Hund fit zum Training kommt und Lust auf die vor ihm liegende Aufgabe hat. Er hat die passende Ausrüstung, der Hundeführer ist ebenfalls ausgeruht und motiviert und möchte arbeiten.

Er soll weder zu viel noch zu wenig in das Suchverhalten des Hundes eingreifen.

Doch wie erkennt der Hundeführer das Zuviel oder Zuwenig und was genau soll er machen?

Hunde kommunizieren sehr fein über die Körpersprache miteinander, seltener über Lautäußerungen. Die Körpersprache ist folglich eine für den Hund leicht verständliche und ureigene Sprache. Der Hund liest auch unsere menschliche Körpersprache permanent und hat gelernt sie zu deuten. Er weiß genau »wie wir drauf sind« und was wir vorhaben. Noch dazu kann er riechen, in welcher Stimmung wir uns befinden.

Ebenso liest er unsere Körpersprache auf dem Trail. Er weiß, »wohin wir denken«, welche Richtung wir am liebsten gehen wollen, welche Richtungsentscheidung wir ihm glauben und welche wir anzweifeln.

TJ läuft auf eine Querstraße zu. Es ist noch nicht genau zu erkennen, wie er sich entscheiden wird. Janne bleibt deshalb neutral hinter ihm.

Deshalb muss der Hundefüher im ersten Teil der Ausbildung, der 1. Dimension, lernen, den Hund frei arbeiten und die Richtungsentscheidungen unabhängig vom Menschen treffen zu lassen.

Es geht darum, den Hund auf der Spur sicher zu begleiten und beim Verlassen der Spur etwas zurückzubleiben, damit er keinesfalls weitergeschoben wird. Wir müssen ebenso lernen, ihm den Weg beim Wenden freizumachen und stets zur rechten Zeit im guten Tempo dabeizubleiben oder aber zu bremsen, wenn es sinnvoll ist.

Für all diese Dinge geht es vor allem für uns Menschen darum, die Sprache des Hundes zu verstehen. Wenn wir verstehen, was er uns mit seiner Körpersprache sagt, wo er die Spur riecht, wo er nur etwas Witterung bekommt und unsicher ist, wo er weitergehen möchte und wo er eigentlich nur kurz schauen, aber nicht gehen möchte, erst dann können wir ihn gut über den Trail begleiten.

Fangen wir also mit den Erklärungen über die Sprache des Hundes auf dem Trail an, damit ihr anschließend lernen könnt, wie ihr passend antworten und in ein gutes, intensives Zwiegespräch mit dem Hund kommen könnt. Machen wir euch Schritt für Schritt zu guten Teampartnern eurer Hunde.

Die Sprache des Hundes auf dem Trail

Das Laufen auf der Spur lernen die meisten Teams in der ersten Phase der Ausbildung sehr zuverlässig, unabhängig von den verschiedenen möglichen Ausbildungswegen.

Jeder Hund zeigt hierbei andere Anzeichen in der Körpersprache, die wir im Folgenden erklären. Eines haben sie jedoch alle gemeinsam: Die Energie ist fokussiert, nach vorne gerichtet, kraftvoll und voller Freude. Genau deshalb ist unser Motto: Folge der Freude! Beherzigen wir dies, sind wir jederzeit auf dem richtigen Weg. Wichtig ist, dass der Teampartner Mensch sich einprägt, wie der eigene Hund aussieht und sich anfühlt, wenn er auf der Spur ist und in Freude arbeitet. Dieses Bild ist die Blaupause für alle gedanklichen Überprüfungen während des Suchens: Weiß ich, wie mein Hund auf dem Trail läuft, kann ich ständig abchecken, ob das aktuelle Bild meines Hundes noch mit meiner Blaupause übereinstimmt. Ich bekomme also einen guten Hinweis darauf, ob wir gerade richtig oder falsch laufen.

Kopfhaltung (Höhe der Nase)
Wie hoch die Nase auf dem Trail getragen wird, ist sehr unterschiedlich. Es gibt rassebedingte Unterschiede, ist aber auch individuell von Hund zu Hund unterschiedlich.

Golden Retriever laufen zum Beispiel häufig mit hoher Nase (Kopf waagerecht zum Körper) auf der Spur. Andere Hunde tragen die Nase auf der Spur sehr nah am Boden.

Witterung hingegen zeigen viele Hunde mit einer hohen »Zeit und Raum überbrückenden« Nase an. Sie weisen mit der Nase dorthin, wo der Geruch im weiteren Verlauf liegt, zeigen dem Teampartner Mensch, dass »dort hinten« auch noch etwas Interessantes verläuft. Wären sie Menschen, würden sie uns an der Schulter anstupsen und sagen: »Hey,

Im Tunnel: Nur die Spur zählt.

Clou, Petit bleu de Gascogne, sucht vorwiegend mit tiefer Nase.

Bjarki, Europäischer Schlittenhund, hier mit hoher Nase, er wechselt auf dem Trail alle Positionen.

ich hab da was entdeckt! Schau mal dahinten, da müssen wir noch hin!«

Spannend ist in diesem Zusammenhang, dass die Hunde sehr häufig im weiteren Verlauf zeigen, wo sie herausgekommen wären, wenn sie zum Beispiel durch ein abgesperrtes Grundstück abgekürzt hätten. Auch damit formt sich das Bild der Spur in unserem Kopf.

Manche Hunde hingegen sind so »spurverliebt«, dass sie die Witterung gar nicht anzeigen.

Findet heraus, ob euer Hund eher mit hoher oder tiefer Nase läuft und merkt euch dieses Bild: Wie sieht seine Kopfhaltung aus, wenn er sicher auf dem Trail läuft? Dieses Bild gehört in euren mentalen Trailrucksack.

Michel trägt als echter Goldie die Nase auf dem Trail halbhoch. Verändert er dies, ist es ein Anzeichen dafür, dass sich die Spur verändert hat. Geht die Nase Richtung Boden, kann es ein Zeichen für das Überlaufen eines Abbiegers sein (siehe hierzu »Abbremsen«). Er fängt an zu puzzeln, und die letzten Restposten einzusammeln.

TJ zeigt mit dieser Routenhaltung, dass der vor ihm liegende Spurabschnitt Spannung verspricht.

Rutenhaltung
Auch die Rutenhaltung gibt uns Hinweise darauf, ob der Hund auf der Spur läuft. Jeder Hund hat seine eigene Art, diese zu nutzen. Manche tragen die Rute auf dem Trail mittelhoch und senken sie ab, wenn sie bemerken, dass sie die Spur verlassen haben. Andere wedeln im unteren Bereich, solange sie sicher sind, und verändern die Schlagfrequenz, sobald sie unsicher werden.

Einige Hunde tragen die Rute sichelförmig nach oben, wenn sie sicher auf dem Trail unterwegs sind. Auch hier senkt sich die Rute bei Verlust der Spur ab und die Sichel öffnet sich.

Beobachtet euren Hund. Auf welcher Höhe trägt er die Rute auf dem Trail und wie ist die Schlagfrequenz, wenn er sicher ist? Auch dieses Bild gehört in euren mentalen Trailrucksack.

Ohrenhaltung
Das Gesamtbild des trailenden Hundes wird immer deutlicher, wenn wir uns auch die Ohren anschauen: Ein sicher auf der Spur trailender Hund mit Schlappohren hält diese am Kopf angelegt, egal auf welcher Höhe er den Kopf trägt.

Beginnt er die Spur zu suchen oder mit der Witterung zu arbeiten, orientieren sich die Ohren oft aufgestellt nach vorne. Der Hund wechselt in ein Orientierungsverhalten.

Auch stehende Ohren liefern ein ähnliches Bild. Auf dem Trail sind die Ohren ruhig, bei Collies zum Beispiel eher nach hinten gerichtet, werden sie aktiv und deuten nach vorne, orientiert sich der Hund. Er ist unsicher.

Auch der Anblick der Ohren eures Hundes kommt mit in euren mentalen Trailrucksack.

Ihr habt jetzt schon viele Bestandteile der kompletten Blaupause eures Hundes auf der Spur!

Körperspannung und Ausrichtung
Ein weiteres Zeichen dafür, dass der Hund auf dem Trail ist, stellt die Körperspannung und die Ausrichtung der Energie dar. Läuft der Hund auf der Spur und verläuft diese geradeaus, hat der Hund eine sehr gerade Rückenlinie mit waagerechten Schultern.

Die Körperspannung des Hundes nimmt man zu einem großen Teil durch die Leine wahr: Auf der Spur hat sie einen konstanten Zug, der Hund arbeitet gleichmäßig nach vorne. Hin und wieder kommt es vor, dass die Körperspannung sich bis in eine »Bürste« im Fell auf dem Rücken durchzieht. Andere Hunde jedoch haben die »Bürste«, wenn sie nicht auf dem Trail sind. Findet heraus, ob aufgestelltes Fell auch bei eurem Hund ein Zeichen ist.

Prägt euch also ein, wie sich euer Hund in der Leine anfühlt, wenn er sicher auf der Spur läuft, und wie seine Körperspannung und -ausrichtung dabei aussieht. Auch diese Beobachtungen kommen mit in euren mentalen Trailrucksack.

Gang- und Laufbild
Ein weiteres Zeichen für die Körperspannung ist das Gangbild, das wir zum großen Teil an den Hinterbeinen sehen können. Auf dem Trail wirken die Beine sehr gleichmäßig arbeitend.

Der Körper dieses Hundes ist nach vorne gestreckt, er macht gerade und ausgreifende Schritte, die Schulterpartie ist waagerecht, zu keiner Seite fallend, der Blick ist vorwärtsgerichtet, die Ohren sind angelegt, die Rute verlängert die Körperachse, seine gesamte Energie wirkt ausgerichtet wie ein Pfeil. Er läuft zielgerichtet und kraftvoll und vermittelt dem Hundeführer ein sicheres Gefühl. Der Hund ist auf Spur, die Spur verläuft geradeaus!

An der Blickrichtung (und den Schultern) erkennt man, dass die Spur gleich abbiegen wird.

Manche Hunde laufen auf dem Trail im Pass oder auf Zehenspitzen.

Bei einigen Hunden sieht man, dass sie etwas über die Spur pendeln. Anstatt einer geraden Linie zu folgen, laufen sie in Schlangenlinien über die Spur und tarieren aus, wo der Geruch und wo die Geruchsgrenze ist. Gleichzeitig schützen sie sich so vor der Geruchsadaption. Wird dieses Pendeln jedoch hektisch, suchen sie eher die Spur.

Blickrichtung

Die Blickrichtung des Hundes folgt dem Trail vorwärts. Der Hund schaut, wohin er läuft, wohin er laufen möchte. Ändert sich die Richtung des Trails und kann er dieser problemlos folgen, wird sich sein Körper durch ein Abbiegen in die neue Richtung ausrichten, und der Hund schaut weiterhin vor sich in Richtung der Spur. Ein ruhiger, konzentrierter Blick in Laufrichtung signalisiert euch, dass euer Hund auf dem Trail läuft.

Folge der Freude

Damit haben wir euren mentalen Trailrucksack gefüllt mit den Zeichen dafür, dass ihr mit eurem Hund auf der Spur lauft. Fühlt in die Leine, schaut euch die Körperausrichtung und -spannung, die Hinterbeine sowie die Rutenhaltung, die Kopfhaltung mit Ohren und Blickrichtung an. Alles zusammen ergibt die Blaupause, die euch sagt, wie euer Hund sicher auf der Spur aussieht. Seht ihr dieses Gesamtbild, fühlt ihr die Freude, die ihr gemeinsam bei der Arbeit habt, dann seid ihr auf einem guten Weg, dann heißt es für euch: Folge der Freude!

Die Sprache des Hundes, wenn er abbiegen möchte

Jetzt schauen wir uns die Zeichen dafür an, dass euer Hund abbiegen möchte. Es gibt deutliche Anzeichen weit vor dem Abbieger oder auch weniger deutliche, wenn sich der Hund am Abbiegen gehindert fühlt.

VIDEO

Asterix

Der Hund ordnet sich vor den Abbiegern auf der richtigen Wegseite ein, er nimmt jeweils die »Abbiegespur«.

»Abbiegespur vor der Kreuzung«

Nähert der Hund sich einer Kreuzung oder einem seitlichen Abgang, weiß er meistens schon lange vorher, wohin die Spur verläuft. Falls möglich ordnet er sich meist bereits dann auf der richtigen Straßen- oder Wegeseite ein, genau wie wir es im Straßenverkehr mit der Abbiegespur handhaben. Es kann zum Beispiel sein, dass er sich bereits 100 m vor einem rechtsseitigen Abgang deutlich auf der rechten Seite des Weges einordnet und hier konstant auf dem Seitenstreifen, am Zaun oder an den Häuserwänden entlangläuft. Er unterstreicht dieses Verhalten häufig sogar durch das Hereinlaufen in Einfahrten oder Wegeausbuchtungen auf der rechten Seite. Er checkt dann, ob er den Abbieger bereits erreicht hat oder ein kleines Stück abkürzen kann. Noch dazu zieht der Geruch in diese offenen Orte, weil eine Begrenzung fehlt, an der er sich fangen kann.

Dieses Laufen auf der »Abbiegespur« kann man immer als sehr guten Hinweis mit in die Kreuzung nehmen. Folgt der Hund der Spur in der Kreuzung weiter in die zuvor angezeigte Richtung, ist die Wahrscheinlichkeit sehr groß, dass man auch nach der Kreuzung auf dem Trail ist. Entscheidet er sich jedoch in der Kreuzung anders, ist es sinnvoll, den Hund ganz besonders zu beobachten und sehr aufmerksam zu sein, was er im weiteren Verlauf zeigt.

Blinker (Kurzblick)

Über den »Blinker« zeigt der Hund eine bevorstehende Richtungsänderung an. Ähnlich wie wir im Straßenverkehr den Blinker setzen, zeigt der Hund durch einen sehr kurzen Seitenblick an, dass er gern abbiegen würde. Es ist fast ein »geheimer« oder »schüchterner« Blick in die gewünschte Richtung. Als ungeübter Beobachter übersieht

Der »Blinker« ist gesetzt, wenn diese Blicke kurz sind, mehrmals hintereinander erfolgen und der Kopf eher auf der Höhe bleibt, auf der er vorher war.

man diesen kurzen Seitenblick sehr leicht und nimmt ihn gar nicht wahr, weil es eine sehr kurze Sequenz ist, die nur im Kopfbereich stattfindet. Der Hund bewegt den Kopf Sekundenbruchteile nach links oder rechts, während er in gleichbleibendem Tempo weiter geradeaus läuft. Sehr fein und minimal kommunizierende Hunde bewegen dafür nicht einmal den Kopf mit.

In den ersten Trainings, die ich mit Michel damals bei Susanna hatte, war das Sehen und Erkennen dieses Blinkers eine neue und ganz große Hilfe für mich, die einen echten Quantensprung in der Suchqualität für uns bedeutete. Michel und ich hatten sehr große Probleme an Straßen, weil wir als echte »Dorfkinder« eher Angst hatten, Straßen »einfach so« zu überqueren. Das führte dazu, dass wir ohne Unterstützung durch die Trainer den Abgang oft weit überliefen. Je besser ich darin wurde, den Blinker zu erkennen und richtig darauf zu reagieren, desto spurtreuer konnte Michel laufen. Wir sparten damit enorm viel Kraft und Zeit, weil die riesigen Bögen entfielen, die wir sonst benötigten, um wieder auf die Spur zurückzukommen.

Irgendwann kam im Training der Tag, an dem ich einfach wusste, Michel will die Seite wechseln, ohne dass ich den Blinker bewusst gesehen hätte. Das sind die Momente, die man besonders feiert, weil man in den Flow kommt und sich das grandios anfühlt. Hat man dieses Gefühl der Leichtigkeit einmal erlebt, hilft dies im weiteren Training enorm weiter. Hund und Mensch wissen nun genau, wie sich eine gute Zusammenarbeit anfühlen kann.

Sehr häufig wird dieses Verhalten an befahrenen Straßen gezeigt, wenn der Hund z.B. auf dem linken Gehweg geht und die Spur in 10 oder 20 Metern voraus nach rechts abbiegt. Der Hund bemerkt die bevorstehende Richtungsänderung bereits hier, kann jedoch nicht bequem abwenden, weil ihn die Straße mit den Autos daran hindert.

Der Blinker wird auch gezeigt, wenn die Spur weiter vorne um 90 Grad abbiegt, ein Zaun jedoch den Weg begrenzt, sodass der Hund nicht direkt abbiegen kann.

In diesen Fällen wird der Blinker dann mehrere Male gezeigt, bis das Abbiegen erfolgen kann oder die Abbiegung überlaufen ist. Wenn das passiert, wird der Hund Anzeichen für das Überlaufen der Spur zeigen, die wir später noch beschreiben.

Diesen besonderen, kurzen Blick der Hunde sieht man sehr häufig in »lustigen Internet-Videos«, wenn Hunde vor einer besonders leckeren Futterportion sitzen und genau wissen, dass sie diese noch nicht fressen dürfen. Sie starren dann scheinbar unbeirrt in eine Richtung, blicken jedoch immer wieder sehr kurz auf das Futter.

Schulterausrichtung und Rückenlinie

Unabhängig vom Blick und von der Laufrichtung kann man auch gut an der Schulterausrichtung und Rückenlinie erkennen, wenn der Hund abbiegen möchte. Er lässt dann die Schulter in die Richtung des Trails fallen. Damit verändert sich die Rückenlinie. Fällt diese nach rechts, ist es absolut unwahrscheinlich, dass der Hund nach links abwenden möchte, auch wenn sein Kopf noch anders gerichtet ist. Gut zu erkennen ist dieses Verhalten häufig in etwas breitflächigeren Bereichen, in denen der Hund weder in der »Abbiegespur« läuft noch den »Blinker«

Hank checkt hier die Richtung, ohne mit dem Körper in die Sichtrichtung zu »fallen«.

Jetzt hat Hank ein stimmiges Körperbild mit Blick und Körperachse in die selbe Richtung.

Ausschließender Blick zur Seite.

zeigt. Hier kommt eher der »ausschließende Blick« zum Einsatz, den wir gleich noch erklären werden.

Die Rückenlinie ist wie eine Kompassnadel, die in die Spur der Trailrichtung orientiert ist.

Markieren als Check = richtig
Es gibt Hunde, oftmals Rüden, die schwierige Kreuzungen markieren, wenn sie diese abgearbeitet und den richtigen Abgang gefunden haben. Sie markieren und laufen dann selbstbewusst und zielsicher in die ausgearbeitete Richtung.

Die Sprache des Hundes, wenn er zeigt, wo die Spur nicht verläuft

Kopf kommt hoch – Ausschließender Blick
Blicke können auch ausschließend sein, wenn sie lang und prüfend sind und der Kopf dabei etwas höher kommt. Hier könnte der Geruch zum Beispiel in eine Seitenstraße hineingeweht oder von einem Auto hineingetragen sein.

Der Hund wendet den Kopf in diese Richtung, hebt die Augen und vor allem die Nase etwas an und riecht und sieht weiter in die Straße hinein. Möglicherweise stellt er auch die Ohren etwas auf. So kann er feststellen, dass die Spur im weiteren Verlauf endet und er diesen Weg ausschließen kann.

Wir nehmen hier die Blicke wahr, eigentlich geht es jedoch um die Nase des Hundes.

Zumeist fällt dabei die Schulter schon in die richtige Richtung. Der Hund schaut also während des Gehens oder Laufens mit hoher Nase in eine Richtung, die Schulter fällt aber bereits in die andere, in die es dann der Spur folgend weitergehen wird.

Die komplette Vorderpartie des Hundes kommt hoch, während sich die Hinterpartie etwas absenkt.

Auch hier siehst du, dass die Spur vor dem Hund endet.

Bogen laufen oder »quer kommen«
Beim Laufen eines Bogens mit ausschließendem Blick klärt der Hund, ob die Spur im weiteren Verlauf vielleicht doch wieder liegt.

Der Hund verhält sich dabei in seiner gesamten Körpersprache wie beim ausschließenden Blick, Kopf und Nase kommen hoch. Vor allem auf offeneren Flächen läuft er jedoch einen Bogen in die Richtung, die er ausschließen möchte, und wendet hierüber langsam wieder ab auf die richtige Spur.

Zeigt der Hund dieses Verhalten auf einem Weg vor uns, läuft somit – sofern wir ihn nicht weiterschieben – quer zu unserer Laufrichtung, leitet er damit eine Wende ein. Wir sprechen dann davon, dass er »quer kommt« und den Weg »zu macht«. Zumeist wird dieses Verhalten direkt nach einer Kreuzung gezeigt, sodass klar ist, dass wir hier einen anderen Abbieger nehmen müssen.

VIDEO

Bogen laufen

Abbremsen
Bemerkt der Hund direkt nach einem unvorhergesehenen, aber geruchlich deutlichen Abbieger, dass er diesen überlaufen hat und er nicht mehr auf der Spur ist, geht er spontan »in die Eisen«. Er riecht, dass er falsch ist und will die Vorwärtsbewegung relativ abrupt abbrechen. Stellt euch ein Auto während einer starken Bremsung vor, so ähnlich sieht ein Hund in dieser Sequenz aus. Man hört direkt das Quietschen der Reifen: »Üüüüiiiitsch.«

Die gesamte Kraft, die zuvor in die Vorwärtsbewegung gerichtet war, muss nun abgebremst werden und geht in den Boden. Die Vorderbeine knicken etwas ein, die Nase wie die Schnauze des Autos geht auf den Boden, und der Hund wird kurz. Der Rücken wölbt sich auf, die Hinterbeine bremsen ebenfalls. Er riecht stoßweise auf dem Boden: »Nognognog.« Gleich wird sich entscheiden, ob der Motor ausgeht oder neu durchgestartet wird.

Unsicherer Gang, Körperspannung fällt ab
Hat der Hund einen Abbieger überlaufen oder ist falsch abgebogen, findet er jedoch einen weniger klaren Geruchsabbruch, sieht man dies am ehesten am unsicheren Gang: Die Körperspannung lässt nach, der Hund verliert die gerade Ausrichtung, er fängt an zu »eiern« oder »öddelt herum«, und zumeist verändert sich auch die Rutenhaltung.

Die Leine fühlt sich dann weicher an, der Zug lässt nach, weil der Hund die Spannung aus seinem Körper nimmt. Der Kontakt zwischen Hund und Hundeführer bricht ab. Es kommt zu »Gesprächspausen«.

Dies können aber auch Anzeichen dafür sein, dass er sich in einem geruchlichen Konflikt befindet. Hat der Wind vielleicht gerade gedreht? Wie ist die bauliche Situation? Befinden wir uns in einem Geruchsabriss?

Nimmt der Zug auf der Leine nach einer »Flaute« wieder zu, erhöht der Hund die Spannung.

Dies kann verschiedene Gründe haben. Entweder hat er nach einer Schwierigkeit wieder Sicherheit auf der Spur gefunden und zieht deshalb wieder deutlich an. Dann läuft er kraftvoll und zielgerichtet. Es kann aber auch sein, dass er versucht über die Witterung zu arbeiten, weil diese sehr frisch ist und er »witterungsaffin« ist. Bekommt er Wind von der entfernten Spur oder der Versteckperson und möchte sich darüber zum Ziel arbeiten?

Oder hat der Hund die Spur bereits vor einiger Zeit verloren und der Hundeführer dies nur nicht bemerkt? Plötzlich bekommt der Hund wieder Witterung und möchte diese nutzen, um erneut auf die Spur zu kommen. Sucht der Hund aktiv nach der Spur, weil er sie verloren hat und wiederfinden möchte? Im Gegensatz zum zielgerichteten Arbeiten wirkt er dann eher suchend und fühlt sich weniger gerichtet an. Die Kraft in der Leine springt häufiger, der Hund bewegt sich schaufelnd vorwärts und verliert an Gleichmaß. Der vorher konstante Zug des sicher auf der Spur laufenden Hundes verwandelt sich in ein »Stop and Go«: Der Hund zieht an und bricht wieder ab, zieht wieder an und bricht wieder ab.

Dieses Verhalten kann im Endpool ähnlich aussehen. Es erfordert eine gute Übersicht über die Situation und ein Zusammensetzen der einzelnen Puzzleteile zum Bild des Hundes, um herauszufinden, ob der Hund die Spur sucht oder den Endpool arbeitet.

Der »Offroad-Gang«

Es gibt Hunde, die gerne sehr nah an der Spur arbeiten, andere hingegen würden auch gerne über die Witterung abkürzen, wenn sich dies anbietet. Da sie im Training darauf trainiert werden, der Spur zu folgen, führt dieser Konflikt zu einer gewissen Unsicherheit.

Gehen solche Hunde von der Spur in die Witterung, kann man es am veränderten Gangbild erkennen: Der »Offroad-Gang« wirkt, als müsste der Hund koten. Er geht etwas suchend mit breiteren Hinterbeinen.

Markieren, um sich neu auszurichten

Es gibt Hunde, die das Markieren nutzen, um sich neu auszurichten. Wir sagen scherzhaft, dass so der Druck im Gehirn abgebaut wird, damit sie besser denken können, um dann die richtige Entscheidung zu fällen.

Die Sprache des Hundes, wenn er zeigt, dass er unsicher ist

Stehen bleiben

Bleibt der Hund während der Suche stehen, ist dies ein deutliches Zeichen dafür, dass er unsicher ist. Entweder hat er die Spur verloren, weiß keine Lösung oder die Geruchslage ist zum Beispiel in einem großen Geruchspool so schwierig für ihn, dass er nicht weiß, wohin er laufen soll.

VIDEO

Lage checken

Coco sondiert die Lage.

Allerdings kann es auch vorkommen, dass der Hund durch schlechtes Leinenhandling des Hundeführers irritiert ist und stehen bleibt. Als Hundeführer ist es hier also wichtig, das eigene Verhalten kritisch zu hinterfragen.

Blickkontakt mit dem Hundeführer
Nimmt der Hund Blickkontakt zum Hundeführer auf, ist er möglicherweise vom Leinenhandling des Hundeführers irritiert. Hunde reagieren rassebedingt sehr unterschiedlich empfindlich. Gerade Hunde, die darauf gezüchtet wurden, sehr eng mit dem Menschen zu arbeiten und auf ihn zu reagieren, neigen dazu, sehr schnell Blickkontakt aufzunehmen.

Es kann aber auch sein, dass der Hund die Spur verloren hat oder sich in einem Konflikt befindet. Er bittet um Hilfe, die wir ihm als Teampartner nicht verwehren sollten.

»Privat sein«
Fängt der Hund an, am Wegesrand zu schnüffeln, fällt häufig der Begriff, er sei »privat« unterwegs und würde nicht mehr arbeiten. Oftmals wird der Hund dann massiv weitergezerrt und mit dem sehr unfreundlichen Befehl »Arbeite!« aufgefordert. Unserer Meinung nach muss hier jedoch sehr genau hingesehen werden, um die Ursache für das Verhalten zu erkennen. Es gibt zwei verschiedene Gruppen von Beweggründen für das »Privatsein«: Ablenkung und Übersprungshandlungen.

Ablenkungen
Es gibt Ablenkungen, die tatsächlich aus dem Privaten kommen und als Motivation so stark sind, dass der Hund sie über die Suche stellt. Hierzu zählt zum Beispiel der Döner, der entweder noch am Wegesrand liegt oder aber vor kurzem da lag und kleine Reste hinterlassen hat. Für einen Beagle und andere futteraffine Hunde stellt das ein echtes Problem dar. Sie finden hier quasi eine Belohnung nebenbei, ohne sich weiter anstrengen und arbeiten zu müssen.

Wer von uns würde einen Bonuscheck vom Chef mitten im Monat ausschlagen?

Dann haben wir die Markierung einer läufigen Hündin, die für manch potenten Rüden nur schwerlich zu ignorieren ist. Zu erkennen ist dies am »Klappergebiss«.

Ist dies für uns nachfühlbar? Wie häufig wird in der menschlichen Arbeitswelt fremdgegangen? Die Dunkelziffer ist enorm hoch!

Und als Drittes treffen wir unterwegs auf einen Konkurrenten. Unser »jugendlicher Rocker« (Rüde mit 10 Monaten) trifft während seiner Suche auf einen anderen Rüden und wird von seinen Hormonen gezwungen, die Muskeln spielen zu lassen und über das Großmachen und Markieren deutlich zu machen, dass er wirklich ein ganzer Kerl ist.

Er holt kurzfristig die Lederjacke raus und krempelt die Ärmel hoch.

All diese Ablenkungen sind nachvollziehbar, wenn wir sie ins Menschliche übertragen.

Übersprungshandlungen
Nun kommen wir zur zweiten Gruppe der Beweggründe für das »Privatsein«, die eher als »Übersprungshandlung« bezeichnet werden kann. Der Hund zeigt über das private Verhalten seine Unsicherheit. Hier finden wir

den Hund, der vom schlechten Leinenhandling seines Hundeführers irritiert ist. Er hat vielleicht einen massiven Ruck durch die Leine bekommen und weiß nicht, ob er anhalten soll, weil vielleicht eine Gefahr durch ein Auto oder Ähnliches droht. Er nutzt den nächsten Busch oder Stein, um anzuhalten und Zeit zu gewinnen, was er mit Schnüffeln oder Markieren überspielt.

Oder wir sehen einen Hund, der vom Hundeführer mit massiven Schritten über einen seitlichen Abgang der Spur hinweggeschoben wurde. Der Hund sucht nun einen Weg, um gegen den Hundeführer zu wenden, möchte jedoch nicht unfreundlich sein. Über das »Privatsein« kommt er aus dem Spannungsfeld und kann dann im besten Fall wenden.

Ein weiterer Grund kann ein Konflikt zwischen Spur und Witterung sein, den ein Hund nicht spontan für sich lösen kann, weshalb er schnüffelt oder markiert. Dieses Verhalten sieht man sehr oft in Trainings, wenn die Suchaufgabe nicht zum Hundecharakter und Instinkt passt.

Hierzu fällt mir immer ein Training bei einem fremden Trainer ein, der meinte, Michel wäre aber sehr privat an einer Hausecke und müsse nun aber wirklich mal weiterarbeiten. Ich wunderte mich, weil Michel eigentlich eine gute Motivation hat. Nach einiger Zeit bog Michel links ab und lief an einem Hafenbecken entlang. Etwa 200 m weiter querte er dies mittels einer langen Brücke, wendete nach rechts und lief auf der anderen Hafenseite zurück, um hier einer Treppe nach unten zum Anleger zu folgen und die versteckte Person auf einem Boot zu finden.

Wie wir zurückgegangen sind? Den kürzeren Weg am anderen Ende des Hafenbeckens. Michel hat so lange an der Hausecke gestanden, weil er überlegt hat, ob er der Spur oder Witterung folgen soll.

Noch eine zweite Geschichte fällt mir hierzu ein: Eine Trainerin, die erst seit kurzem bei mir mit ihrem eigenen Hund trainierte, hatte anlässlich eines Wochenendseminars bei einer anderen Ausbilderin die Möglichkeit, sehr viele Hunde zu beobachten. Ich hatte sie beim ersten Training bei mir gebeten, ihren Hund in Ruhe riechen und markieren zu lassen, was ihr sehr schwerfiel. Ich erklärte ihr unsere Gedanken zum »privat sein«. Schon beim zweiten Training bemerkte sie überrascht, dass der Rüde viel entspannter und motivierter lief, seitdem der Stress zwischen ihnen weggefallen war.

An diesem erwähnten Wochenende nun wollte sie selbst nicht mittrainieren, weil sie sich mit ihrem Hund auf mein Training konzentrieren wollte. Sie hatte also ausreichend Zeit, ihre neue Idee und unsere Gedanken dazu genau zu überprüfen. Ihr Resümee überraschte sie selbst: Sie meinte, dass nur ein einziger Hund, ein halbstarker Rüde, tatsächlich »privat« gepinkelt hatte. Bei allen anderen Hunden konnte sie es auf Leinenhandling und Schwierigkeiten aufgrund des Trails zurückführen. Sie nannte hier vor allem Kreuzungen, alte Spuren und die Witterung.

»Privatsein« kann also ein Zeichen dafür sein, dass der Hund durch den Hundeführer oder die Suchaufgabe irritiert ist.

Der Busch ist abgecheckt! Wohin nun?

Stöbern in Büschen
Ein Stöbern in Büschen und Randbepflanzungen kann selten aufgrund einer starken Ablenkung durch Wild, Katzen oder Nahrungsmittel erfolgen.

Oftmals hat eine schwierige Geruchslage hier zur Geruchsansammlung geführt oder, was wir sehr oft beobachten, der Hund hat einen Abgang überlaufen, ist unsicher und sucht deshalb nach Geruchsfetzen, die sich dort sammeln oder nutzt das Gebüsch als Ablenkung.

In einer Prüfung hatte ich einmal das Problem, dass Michel in einer schwierigen Innenstadtpassage in einem Hinterhof unter und hinter Mülltonnen stöberte. Mein Backup sagte: »Da geht er wohl auf Katze.« Ich hörte diese Worte und plötzlich klickerte es durch mein Gehirn: Mir war klar, dass ich einen Abgang überlaufen haben musste. Wenn Michel sicher ist, läuft er auf der Spur. Dann interessieren ihn keine Katzen. Ich habe ihn vom Suchgeschirr aufs Halsband umgeschnallt, bin ungefähr 100 m zurück zur letzten Kreuzung, an der es sich richtig gut angefühlt hatte, habe dort eine kurze Pause mit Wasser für uns beide eingelegt und ihn anschließend wieder aufs Suchgeschirr umgeschnallt. Er ist sehr flott und klar in die um ungefähr 45 Grad versetzte Straße eingebogen. An dieser Kreuzung musste ich entweder beim ersten Passieren unachtsam gewesen sein – vielleicht hatte ein Auto den richtigen Weg blockiert, er wollte ausweichen und ich habe ihn falsch verstanden – oder der Wind hatte den Geruch in die erste Straße getragen und ich die Anzeichen dafür, dass der Geruch nachließ und wir falsch waren, nicht rechtzeitig erkannt, sodass er ins Stöbern verfallen war.

Die Sprache des Hundes im Endpool und im Gegenüber

Endpool
Je nach Anlage und Ausbildungsstand zeigen viele Hunde schon deutlich vor dem Zugriff, dass sie sich dem Endpool nähern. Sie ziehen dann noch einmal deutlich in ihrer Körperspannung an und laufen »ohne Kompromisse« weiter. Sie wissen, dass sie gleich finden werden und wollen jetzt, wo die Belohnung nahe ist, unbedingt den Zugriff! Der Hundeführer bekommt sehr viel Zug auf die Leine und sieht einen absolut überzeugten Hund vor sich arbeiten. Dieser wirft sich so sehr ins Geschirr, dass die Hinterbeine kraftvoll arbeiten und der Körper sich nach vorne streckt.

Coco im Endpool.

Bjarki mit erhöhter Dynamik im Endpool.

Im Endpool selbst kann sich dieses Verhalten noch einmal ändern, wenn das Versteck schwierig ist und der Hund genau arbeiten muss, um den Zugriff zu schaffen. Der Hund wird dann sehr aufgeregt, springt vielleicht plötzlich in eine andere Richtung und zieht auch hier wieder stark an, um nach kurzer Zeit abrupt zu stoppen, sich aufzurichten, den Kopf und die Ohren zu heben. Der Hundeführer muss jetzt Höchstleistung bringen. Er fühlt den starken Zug und im nächsten Moment hängt die Leine durch, dann springt der Hund wieder in die Leine und im nächsten liegt sie auf dem Boden, weil der Hund gewendet hat. Die Bewegungen des Hundes sind schnell, voller Anspannung, Vorfreude, Irritation und Lust zu finden.

Ist das Versteck sehr schwer und der Hund findet zunächst nicht die Lösung, kann es sinnvoll sein, aus dem Geruchspool herauszugehen, »die Nase freizumachen« und dann einen neuen Versuch zu starten. Oft ist es dann sehr viel leichter, sich an die Versteckperson heranzuarbeiten. Hat der Hund vorher »den Wald vor lauter Bäumen« nicht gesehen, kann dieses kurze Verlassen der Situation und ein neues Ansetzen die nötige Struktur geben, die für Klarheit sorgt.

Das Gegenüber

»Geht der Hund die Wände hoch, dreh' dich um, da ist es doch.« Wir geben zu, dies ist nicht der beste Reim, den wir erfinden konnten, doch er ist einprägsam und beschreibt genau die Situation des »Gegenübers«. Steht eine Person in einem Versteck, sodass ihr Geruch sich über eine Fläche verteilen und an einer gegenüberliegenden Wand fangen kann, gibt es hier eine Geruchsansammlung, die den Hund irritiert. Der Hund versucht, die Person in diesem starken Geruch an der Wand zu finden. Er hebt seine Nase, manchmal werden sogar Pfoten auf Fensterbänke gehoben, weil doch irgendwo der Zugang sein muss zum weiteren Spurverlauf, beziehungsweise zur gesuchten Person und dem Jackpot als Belohnung für die erfolgreiche Sucharbeit. Je länger er diesen Zugang nicht findet, desto aufgeregter läuft er an dieser Wand hin und her oder auch hoch.

Eine ähnliche Situation hatten wir neulich mit meiner noch etwas unerfahreneren Hündin. Wir kamen eine Straße entlang, und plötzlich wurde sie nervöser, verhielt sich fast wie im Endpool. Rechtsseitig stand eine merkwürdige Skulptur im Garten vor einer Hauswand, und im Halbdunkeln meinte sie, das müsse doch die gesuchte Person sein. Tatsächlich ging genau gegenüber auf der anderen Straßenseite ein schmaler Gang ab, an dessen Ende die Person wartete. Der Geruch war hier heraus über die breitere Straße an die Hauswand geweht und hatte sich dort gesammelt. Sie hatte mir das Gegenüber angezeigt.

Der Hundeführer

Nachdem wir nun die Körpersprache des Hundes auf dem Trail lesen können, schauen wir uns den Menschen in der Teamarbeit an.

Ebenso wie für den Hund ist es für euch wichtig, dass ihr euch als Hundeführer körperlich und geistig fit fühlt. Schmerzen hindern euch daran, entspannt mit der Leine zu arbeiten und mitzugehen. Dieses Unwohlsein überträgt sich automatisch auf den Hund. Wir haben über viele dieser Aspekte schon im Hinblick auf die Ausrüstung geschrieben. Haben wir Schmerzen in der Schulter, werden wir automatisch maulig, wenn der Hund in die Leine läuft und eine harmonische Zusammenarbeit wird unmöglich. Ebenso wenn wir Schmerzen in den Beinen, der Hüfte oder dem Rücken haben und nicht ordentlich gehen können, selbst wenn die Leine nur in den Händen schmerzt, verspannen wir und arbeiten unrund.

Auf anderer Ebene, im Ergebnis feiner, aber dennoch deutlich zu bemerken, wirkt die geistige Belastung. Kommen wir mit Stress, Sorgen oder Angst zum Training, wird es uns ungleich schwerer fallen, uns auf die enge Zusammenarbeit mit dem Hund einzulassen. Und der Hund spiegelt uns – im Guten wie im Schlechten. Ebenso wie wir Ängste vor anderen Hunden, Straßenüberquerungen oder rutschigen Untergründen auf unsere Hunde übertragen, nehmen sie auch unseren Stress aufgrund eines nervigen Tages im Job wahr.

Es ist also auch hier nur fair, dafür zu sorgen, dass es uns möglichst gut geht, wenn wir in die Arbeit mit unserem Hund starten. In manchen Fällen hilft es, wenn wir darum bitten, nach einem anstrengenden Tag als Letzte starten zu dürfen, sodass uns die Entspannung in der Gruppe helfen kann, wieder in Form zu kommen.

Kommen wir nun zu den Aufgaben, die der Mensch als Hundeführer beim Mantrailing übernimmt.

Der Rahmen am Start

Zuerst einmal gibt der Mensch den Rahmen vor: Er startet die Suche, und er beendet sie – jeweils mit einem klaren, immer wiederkehrenden Ritual, sodass dieser Part automatisch abläuft und keine zusätzlichen Kapazitäten unserer Konzentration oder der des Hundes schluckt.

Die Suche wird damit vorbereitet, dass zuhause die Ausrüstung zusammengesucht und mit dem Hund und der Belohnung ins Auto gebracht wird. Wir empfehlen hierfür eine kleine Checkliste, damit ihr euch vor der Abfahrt versichern könnt, dass ihr alles dabeihabt und somit einen kontrollierten, entspannten und fokussierten Start bekommt. Meistens weiß der Hund dann schon, dass es zur Suche geht. Im besten Fall empfindet er jetzt angenehme Vorfreude – wie ihr auch.

Tatsächlich kenne ich einen Hund, der früher in die hinterste Ecke seiner Wohnzimmer-Box verschwand, sobald er erkannte, was die Stunde geschlagen hatte. Er wollte nicht mit zum Training fahren und zeigte dies deutlich. Konnte man ihn doch irgendwie überreden und ins Auto bringen, saß er dort zitternd und versteckte sich hinter dem zweiten Hund. Am Trainingsort angekommen, wollte er auf keinen Fall aussteigen. Dies ist die extremste Auswirkung unpassenden Trainings, die mir bisher bekannt ist. Es macht mich noch heute traurig, wenn ich daran denke.

Da ich den Hund von früher kannte, war ich mir sehr sicher, dass er eigentlich Spaß am Mantrailing hatte. Bei anderen Hunden hätte ich wahrscheinlich gesagt, sucht euch eine andere Beschäftigung. Dieser kleine Kerl lag mir jedoch am Herzen, und ich wollte ihm dabei helfen, wieder Freude an dieser Arbeit zu gewinnen und darüber auch die Umwelt wieder entspannt erobern zu können. Der Hund wechselte also zu mir ins Training, und wir starteten mit sehr kleinen einfachen Aufgaben, für die er liebevoll gelobt wurde. Allmählich veränderte sich sein

Verhalten und über die Monate kam er wieder auf sein altes Suchniveau, wobei wir streng darauf achteten, ihn nicht zu überfordern.

Er hatte sehr schnell begriffen, dass es für ihn gefahrlos war, wenn ich dabei war. Er checkte, wer am Trainingsort anwesend war. Konnte er mich riechen und niemanden »aus der alten Truppe«, war er bereit, das Wagnis einzugehen. Mit der Zeit entspannte er sich immer weiter. Inzwischen akzeptiert er auch andere Trainer, wenn diese nicht im Zusammenhang mit seiner alten Trainingsgruppe stehen. Nun können wir auch wieder schwierigere Trails legen. Er sitzt heute in der Box und drängelt sich vor, wenn es darum geht, wer zuerst arbeiten darf. Es ist eine riesige Freude, ihn dabei zu beobachten.

Achtet also schon beim Packen und Losfahren darauf, ob das Training eurem Hund gut bekommt. Er soll weder Angst haben noch überdrehen. Er soll freiwillig und freudig ins Auto springen, am Trainingsort aber auf seinen Einsatz warten können und sich dann glücklich auf den Weg machen, wenn er herausgeholt wird. Genau in dieser Hormonlage möchten wir arbeiten. Aber nun sind wir schon wieder auf das Thema Hund abgedriftet. Retten wir es, indem wir euch mit auf den Weg geben, dass der Hund euer Spiegel ist und wir hier nur euer Spiegelbild, also euch, beschrieben haben.

Beginnt für euch die Suche, tauscht ihr Geruch und Belohnung/Jackpot mit der Versteckperson aus. Nun fangt ihr langsam an, euch und euren Hund für die Suche einzustimmen. Ihr kontrolliert eure Kleidung und holt Leine und Suchgeschirr heraus. Vielleicht darf und soll der Hund noch kurz ein kleines Geschäft erledigen, bevor er vorbereitet wird. Je nach Hundetyp ist es ganz unterschiedlich, ob der Hund schon am Auto das Geschirr angezogen bekommt oder erst am Start. Hier schaut man einfach, was ihm am besten bekommt. In jedem Fall wird er am Halsband zum Start geführt, sodass für ihn ganz klar ist, dass er noch nicht mit der Suche beginnen soll.

Am Start wird das Geschirr angelegt, falls noch nicht geschehen, und in jedem Fall die Leine sortiert. Sie wird in ordentlichen Schlaufen, beginnend vom Ende, auf die richtige Hand gelegt, anschließend wird sie am Suchgeschirr befestigt. Auch hier ist es wieder abhängig vom Hundetypen, ob der Hund stehend oder sitzend wartet. Wichtig ist nur, dass der Hund in entspannter Motivation beziehungsweise Konzentration bleiben kann und nicht bellt, in

In absoluten Ausnahmefällen stellen wir uns über den Hund, um diesen zu »bändigen«. In den allermeisten Fällen ist dies nicht notwendig und eher hinderlich.

die Leine rennt und sowohl seinen Stresspegel als auch den des Menschen nach oben treibt. Es ist wichtig, dieses Startritual einzuüben und immer wieder genau gleich auszuführen, damit keine Diskussionen entstehen können und müssen. Ein immer gleicher Rahmen gibt Ordnung und damit Sicherheit.

Als Nächstes bekommt der Hund nun die Geruchsprobe vom Hundeführer selbst oder besser noch vom Trainer oder Backup angereicht. Warum dies besser ist? Der Hundeführer kann die Leine bereits entsprechend der Suchhaltung in den Händen halten und nach dem Abriechen flüssig starten. Gibt man erst den Geruch, steckt ihn weg, sortiert sich und startet dann, ist der Start gerade bei Neulingen und nicht so erfahrenen Mantrailern weniger flüssig, und es kommt zu vermeidbaren Problemen. Erinnert euch, wir wollen in der Freude arbeiten, warum also nicht gleich von Anfang an?

Abriech- und Startkommando

Wir unterscheiden am Start zwischen diesen beiden Kommandos. Das eine möchte den Hund einladen, den angereichten Geruch abzuriechen, das andere weist den Hund darauf hin, dass er nun mit der Suche beginnen darf.

Bewusst haben wir die Begriffe »einladen« und »mit der Suche beginnen darf« gewählt. Warum?

Wir halten es für elementar, dass der Hund die Suche freiwillig und gerne ausführt. Deshalb ist unser absoluter Anspruch, dass die Hunde so trainiert werden, dass sie sich den Geruch auf unsere Einladung hin gerne abholen und auch unbedingt starten möchten. Wir sagen dem Hund nicht, dass er nun arbeiten muss, weil das Training so ausgerichtet sein soll, dass er es weder als Arbeit noch als Zwang empfindet. Er soll der Freude folgen. Er soll Lust darauf haben. Er soll es als gemeinsame Beschäftigung empfinden, die für ihn besonders ist und ein Geschenk für ihn. Deshalb ist es eben auch wichtig, dass wir den Start entspannt und freundlich gestalten.

VIDEO

Abriechen

Wie geht und steht der Hundeführer auf dem Trail?

Der Hund ist gestartet, und wir begleiten ihn auf den Trail. Dabei gilt für den Hundeführer das Ziel, den Hund so gut wie möglich zu unterstützen und ihm ein erstklassiger Begleiter zu sein. Er soll dafür versuchen, den Hund so wenig wie möglich zu behindern. Beides ist gerade am Anfang der Ausbildung eine große Herausforderung. Erst bei der Ausbildung eines zweiten Hundes bemerkt man oft, wie schnell die Hunde das Mantrailing erlernen, wenn der Mensch zu Beginn kein »Klotz an der Leine« ist, sondern gut zuarbeiten kann. Dies ist dann ein riesiger Genuss, für den Hundeführer wie für den Trainer. Aber auch der Anfang bringt viel Spaß und manches Lachen über verknotete Leinen, Beine und Arme, manchmal sogar mit der Leine eingewickelte Menschen. Aber wieder zurück zum Bestfall der Ausbildung …

Gehen hinter dem Hund
Um den Hund exzellent begleiten zu können, geht ihr als Hundeführer hinter dem Hund,

direkt in seiner Spur, quasi wie ein Anhänger hinter dem Auto, ihr überholt nicht, niemals, es sei denn, der Hund hat Angst und braucht eure Unterstützung. Das erklären wir später. Als Erstes speichert bitte ab, dass ihr immer hinter dem Hund geht.

Ich habe oft gesehen wie dies »immer hinter dem Hund« sehr wörtlich genommen wird und die Interpretation besonders eifriger Hundeführer weniger auf »hinter dem Hund auf dem Trail« als »hinter dem Hintern des Hundes« gesehen wurde. Deshalb möchte ich hier folgendes erklären: Wenn der Hund an einer Mülltonne kurz anhält und zum Pinkeln oder Schnüffeln spontan den Hintern dreht, um sein bequemes und übliches Pinkelbein anheben zu können, bitte nicht plötzlich auf die andere Seite der Mülltonne hinter den Hund springen und »trailrückwärts« schauen! Ihr schert damit aus der Spur aus und irritiert den Hund. Wartet kurz ab. Schaut, in welche Richtung der Hund sich nach dem Riechen und Markieren dreht. Erst nach der neuen Richtungsentscheidung ordnet ihr euch bitte wieder hinter dem Hund ein. Dann auch hinter dem Hintern des Hundes und auf der Spur hinter ihm.

Versetzt der Hund die Spur seitlich, geht ihr ebenfalls so weit seitlich, dass ihr wieder direkt in der Spur hinter ihm geht – wie ein Autoanhänger eben.

Auch in Kurven geht ihr in der Spur des Hundes. Ihr geht damit oft sehr eng um die Kurven. Gerade wenn der Hund sehr im Geschirr steht und zieht, man als Mensch hinten also Einiges zu halten hat, neigt man dazu, sich durch die Fliehkräfte aus der Spur nach außen »schleudern« zu lassen. Wenn ihr euch aber auf die Außenbahn tragen lasst, zieht ihr den Hund mit aus der Kurve und ändert seine »Flugbahn«. Damit ändert ihr sein Suchverhalten. Das behindert und irritiert ihn.

Konzentriert euch also darauf, die Spur des Hundes zu halten.

Eure Körperausrichtung könnt ihr euch beim Gehen so vorstellen, dass aus eurem Bauchnabel ein Scheinwerfer scheint, der den Weg des Hundes ausleuchtet.

Geht der Hund einen 90-Grad-Abbieger, ohne dass eine trennende Wand im Innenwinkel liegt, kürzen wir als Hundeführer ab und gehen mit unserer Bauchnabelausrichtung ungefähr auf den Bereich Schulter und Bauch des Hundes zu. Dabei verkürzen wir die Leine, damit sie nicht durchhängt.

Warum aber kürzen wir hier ab und verlassen seine Laufspur?

Ganz einfach: Waren wir vor der Kurve gemeinsam geradeaus unterwegs und der Hund biegt nun beispielsweise nach rechts ab, wir gehen aber unbeirrt bis zu seinem Abbieger in der Spur geradeaus weiter, irritiert dies den Hund. In seiner Wahrnehmung haben wir damit unsere Begleitung beendet und sind seinem Weg, seiner Richtung nicht gefolgt. Im schlimmsten Fall zweifelt er an seiner Entscheidung und fällt aus seiner neuen Richtung heraus, um zu checken, ob wir recht haben.

Die Hundeführerin hat hier bereits die Füße leicht gedreht, weil sie gesehen hat, dass der Hund abbiegen wird.

Ihr speichert also bitte ab: Wir dürfen und sollen Kurven innen abkürzen, sie jedoch niemals nach außen vergrößern.

Geschwindigkeit, Abstand
Wenn der Hund losgeht, geht auch ihr langsam mit los, wenn er anhält, werdet ihr langsamer und bleibt dann ebenfalls stehen.

Die Geschwindigkeit ist je nach Team unterschiedlich. Wir bewegen uns jedoch zumeist im normalen Schritttempo. Je schneller der Hundeführer mitläuft, desto größer ist die Gefahr, dass der Hund über Abgänge hinweg geschoben wird, da ihm die Zeit fehlt, um sauber zu arbeiten.

Am Anfang der Ausbildung geht der Hundeführer mit einem ungefähren Abstand von drei Metern zum Hund. Mit der Zeit nutzen wir die volle Länge der Leine. In den Ausbildungsstufen, die wir in diesem Buch beschreiben, reichen aber drei bis am Ende maximal fünf Meter.

Leinenhandling

Lasst uns schwärmen! Im Leinenhandling steckt unsere Liebe zu den Hunden: Verbindung, Achtung, Leichtigkeit, Freiheit geben, im Dialog sein, aufeinander aufpassen, aufeinander eingehen, wirklich hinsehen und mit allen Sinnen wahrnehmen, was der Hund zeigt. Über die Leine sind wir mit dem Hund in Kontakt, in Beziehung.

Die Leine macht den Tanz, die Freude und das Team aus. Ganz nach dem Motto: »Ich sehe Dich. Wirklich. Mit allem, was Du mir sagst.«

Dazu braucht es beim Hundeführer Präsenz, ein absolutes im Hier und Jetzt sein. Alles was einen vorher noch beschäftigt hat, wird nun beiseitegelegt, um ganz in das Gespräch einzutauchen und zu lauschen, wenn der Hund die Geschichte zum Trail aufzeigt.

So fühlt es sich an, wenn man im Flow ist. Der Weg dahin ist natürlich Arbeit, je nach Begabung für den einen mehr und für den anderen etwas weniger. Aber wie sagt man so schön? Es ist noch kein Meister vom Himmel gefallen!

Das Leinenhandling kann man über mehrere Ausbildungsstufen lernen:

Das Aufnehmen der Leine
Die **erste Stufe** beinhaltet das Aufnehmen der Leine.

Am Anfang des Mantrailing-Trainings geht es darum, die Leine gut aufzunehmen, sortiert in der Hand zu halten und den Hund damit möglichst nicht zu stören. Beginnt beim Aufnehmen mit dem Ende der Leine und legt die Schlaufen sauber übereinander, so dass sie sich gut wieder herunternehmen lassen. Ihr könnt das sehr schön neben dem Training mit dem Hund auch trocken üben. Versucht es immer wieder, auch mit der anderen Hand. Manchmal startet man mit der falschen Hand und stellt dies erst später fest.

Ihr geht in dieser Phase noch mit einer relativ konstanten Leinenlänge von ungefähr zwei bis drei Metern hinter dem Hund her. Wichtig ist, dass ihr euch an das Gefühl der sortierten Leine in der Hand gewöhnt und versucht den Hund möglichst selten mit Leinenrucks zu stören.

Das Anpassen der Leinenlänge

Die **zweite Stufe** beinhaltet das Anpassen der Leinenlänge.

Nachdem ihr gelernt habt, die Schlaufen der Leine sortiert in die Schlaufenhand zu legen, sodass sie sich gut anfühlt, geht es daran, die Länge der Leine zu variieren, mit der Leine zu spielen.

Hierfür stellt sich als Erstes die Frage, wie ihr die Leine durch eure freie Hand führt. Greift ihr die Leine von oben oder von unten? Die Erfahrung zeigt, dass man von unten zumeist sanfter ist und somit gefühlvoller mit dem Hund in Kontakt ist. Bei kräftigen Hunden kann man damit aber durchaus an Grenzen kommen. Probiert am besten beides aus. Bleibt offen. Wie fühlt ihr euch besser, wie läuft der Hund besser? Was ist in eurem Fall wichtiger für eine gute Arbeit?

Nun wird sich auch langsam zeigen, in welcher Hand die Last, also die Zugkraft aufgenommen wird. Hält die Schlaufenhand sie und die andere Hand liegt nur an der Leine oder verteilt ihr die Last gar auf beide Hände? Auch hier gibt es kein Richtig und kein Falsch. Wir handhaben es beide unterschiedlich.

Das Variieren der Leinenlänge soll mit wenig raumgreifender Geste geschehen, damit wir den Hund während der Arbeit nicht durch unser Gefuchtel irritieren. Lasst euch dabei gerne filmen und freut euch über das, was ihr zu sehen bekommt. Es wird anfangs lustiger aussehen als ihr glaubt.

Um den Hund gut begleiten zu können, ist es elementar wichtig, dass wir einen durchgängigen leichten Kontakt über die Leine halten. Wie bereits beschrieben kann er nur so zu euch »funken«. Da der Hund sowohl Richtung als auch Geschwindigkeit immer wieder ändert, ist es unumgänglich, dass wir die Leinenlänge jederzeit sofort auf die neue Situation anpassen können. Hierfür üben wir das schnelle Herausgeben und Aufnehmen

Offene Hand.

der Leine bei gleichbleibender Schrittgeschwindigkeit – ganz nach dem Motto: »Wir arbeiten mit schnellen Ärmchen und langsamen Beinchen.«

Ihr könnt dies gut beim Gassigehen mit der Leine üben. Gerade hier wird euer Hund euch den Gefallen tun, immer wieder spontan anzuhalten. Eure Aufgabe ist es, dass ihr die Leine schnell herausgebt und wieder aufnehmt, ohne dass der Hund dabei einen Ruck verspürt. Dabei geht ihr in gleichbleibender Geschwindigkeit weiter.

Wenn das funktioniert, bittet ihr ein Familienmitglied oder eine Freundin angeleint mit euch durch den Garten zu hoppeln. Die Person soll Richtung und Tempo immer wieder wechseln. Hier besteht die Aufgabe zusätzlich darin, dass die Leine niemals den Boden berühren darf.

Anke führt die junge Adzo hier noch an kurzer Leine.

In den Dialog treten

Die **dritte Stufe** beinhaltet den ständigen Dialog der Teampartner.

Der Mensch spielt hierfür mit der Leinenlänge. Er gibt die Leine vorsichtig etwas heraus, manchmal zwei Zentimeter, manchmal zehn oder auch zwanzig und fragt damit den Hund, ob sie noch gemeinsam auf der Spur, ob sie noch richtig sind. Nimmt der Hund sich den entstandenen Raum nach vorne und zieht die Leine voll an, mit der Körperhaltung, die er auf der Spur zeigt, ist seine Antwort klar: »Ja!« Darauf antwortet der Mensch, indem er die Leine vorsichtig wieder aufnimmt, verkürzt. Er sagt damit dem Hund: »Gut, ich bin dabei, ich komme mit!«

Man kann sich das vielleicht wie das Händedrücken zwischen Mutter und Kind vorstellen, wenn das Kind signalisiert, dass es etwas unheimlich findet und nicht weiß, ob es weitergehen soll. Die Mutter lächelt es an und drückt ebenfalls etwas die Hand. Bei einer guten Vertrauensbasis ist dem Kind damit klar, dass die Situation sicher ist und sie gemeinsam weitergehen können. Diese Kommunikation über die Hand findet kaum sichtbar statt. Auch bei liebenden Paaren finden wir sie. Ein Zudrücken heißt hier etwa: »Ich bin bei dir, ich liebe dich, ich gehe mit dir den Weg.« Meistens wird der Partner mit einem ebensolchen Drücken antworten. So sind sich beide ihrer sicher und können gestärkt weitergehen.

Diese Kommunikation findet im Mantrailing bei uns fortlaufend und während der gesamten Sucharbeit über die Leine statt. Wir gehen als Team, wie Mutter und Kind, wie ein liebendes Paar, wie ein Mensch und sein Seelenhund. Steckt eure Liebe in diesen Dialog, dann wird es passend sein.

»Versammlung« vor Entscheidungen

Die **vierte Stufe** beinhaltet die »Versammlung« vor Entscheidungen.

Über die »Versammlung« des Teams wird der Hund in die höhere Konzentration gebracht.

Die Länge der Leine wird hier gerade angepasst.

Hierfür wird die Leine etwas kürzer genommen, sodass ein sicherer Kontakt besteht, und die Geschwindigkeit minimal verringert. Je nach Stärke und Geschwindigkeit des Hundes führt der Hundeführer hierzu seinen Hintern körperlich oder nur gedanklich etwas nach hinten unten und spannt den Bauch dabei an. Er achtet darauf, dass der Oberkörper aufrecht bleibt und die Arme und Schultern locker, sodass er geschmeidig im Leinenhandling arbeiten kann.

Der Hundeführer konzentriert sich voll auf jegliche Anzeichen des Hundes bezüglich möglicher Richtungsänderungen und folgt jedem Hinweis des Hundes flüssig. Nach der Entscheidung wird dem Hund über den Dialog wieder etwas Raum gegeben, damit dieser uns mitteilen kann, ob wir richtig sind.

Der Clou an dieser Geschichte ist, dass der gesamte Trail eine permanente Aneinanderreihung von Entscheidungen ist. Jede Hauseinfahrt, jede Mauerecke, jeder Durchgang in einer Hecke, jede sprichwörtliche Milchkanne kann eine Entscheidung erfordern, an der die Richtung der Spur sich ändert und der Hund somit spontan abwenden möchte. Ihr seid jetzt so weit, dem Hund über den gesamten Trail in höchster Konzentration folgen und ihn gut begleiten zu können. Wie ihr ihm aktiv zuarbeiten könnt, lernt ihr im Kapitel über das Zwiegespräch.

Leinenarbeit in Hauseinfahrten

Die **fünfte Stufe** beinhaltet die Leinenarbeit in Hauseinfahrten.

Wenn der Hund dem »verwehten« Geruch in die Einfahrten folgt, gibt der Hundeführer die Leine heraus und lässt den Hund damit »ins Leere laufen«, sodass dieser das »Querlaufen« zeigen kann. Der Mensch läuft dabei nicht direkt in die Einfahrten, sondern bleibt halb in Richtung Straße gerichtet, um den Hund nicht aktiv mit seiner Körpersprache in die Einfahrten zu schieben. Langfristiges Ziel ist, dass der Hund die Einfahrten immer weniger ausläuft und irgendwann vorbeilaufen kann, weil er gelernt hat, dem verwehten Geruch nicht in alle Ecken zu folgen.

Wichtig ist hierbei, auf keinen Fall seitlich Zug auf das Hundegeschirr und damit auf den Hund auszuüben. Der Hund darf nicht aktiv aus der Einfahrt herausgezogen werden. Er allein entscheidet, wann er mit dem Verarbeiten der Geruchslage fertig ist und wieder auf die Straße zurückkehrt. Geschieht dies, verkürzt der Hundeführer die Leine und läuft genau so wie beim Abkürzen von Kurven.

Sehr gut kann man dies in langen ruhigen Straßen mit kleinen Grundstücken und kurzen Hauseinfahrten üben.

Kleine Kreuzungen

Die sechste Stufe nimmt kleine Kreuzungen auf. Das Team geht vor der Kreuzung in die Versammlung, in der Kreuzung folgen wir dem Hund und nach der Kreuzung gehen wir sofort in den Dialog, um zu überprüfen, ob er die eingeschlagene Richtung weiterverfolgen möchte.

Wir arbeiten inzwischen sehr fein und weich mit der Leine. Der ständige Dialog läuft bereits wie automatisch, die Einfahrten können spielend nebenbei genommen werden, wir sind im guten Austausch mit dem Hund.

Zugkraft und Körperhaltung bei verschiedenen Teams

Für eine harmonische Arbeit als Team benötigt ihr einen guten Kontakt über die Leine. Dieser Kontakt entsteht, sobald die Leine auf Spannung kommt, wenn vorne der Hund zieht und hinten der Mensch.

Es gibt zwei entgegengesetzte Extreme für die Stärke dieser Zugkraft: Zum einen haben wir das Team mit dem langsamen, fast trödeligen Hund und einem schnellen Hundeführer. Hier wird die Leine zwangsläufig durchhängen. Es wird kein Kontakt entstehen. Zum anderen haben wir den kraftvollen und rennenden Hund mit dem langsamen Menschen hinten dran. Die Zugkraft in der Leine wird enorm sein und den Menschen schmerzvoll mitreißen. Beide Extreme sind ungünstig. Ihr braucht also optimaler Weise eine mittlere Zugkraft in der Leine. Wie erreichen wir das?

Bei langsam arbeitenden Hunden geht der Hundeführer ruhig und aufrecht hinter dem Hund und baut immer wieder einen sanften Leinenkontakt auf, ohne den Hund zurückzuziehen. Der Hundeführer bleibt entspannt, drängt den Hund nicht, zeigt jedoch, dass er Freude an der Arbeit hat, damit diese sich auf den Hund übertragen kann.

Bei hoher Suchmotivation und Laufgeschwindigkeit des Hundes ist beim Hundeführer eine gute Körperhaltung gefragt. Damit er nicht ins »Vorwärtstrudeln« und damit ins Stolpern gerät, ist ein aufrechter Oberkörper wichtig, der bewusst »100 % in der Senkrechten« bleibt. Die Zugkraft des Hundes wird durch unsere Arme und den Körper, über unsere Beine in den Boden abgeführt. Dies geschieht am besten mit lockeren Schultern über die Kraft der Rumpf- und Bauchmuskulatur in die Beine hinein. Die Köperhaltung ist ähnlich derjenigen in der Versammlung. Sie bleibt gehalten für die Zeit, in der unser Hund stark zieht, und wird in der Versammlung noch verstärkt. Die Beine bewegen sich schnell, jedoch ohne zu laufen, die Füße rollen gut ab,

Dieses Team hat intensiv daran gearbeitet, heute so entspannt und in gutem Kontakt trailen zu können.

sodass wir leise Schritte machen. Arme und Schultern sollen die Leine möglichst schnell und geschmeidig aufnehmen und wieder herausgeben können. Ziel ist es, über diese Haltung als Hundeführer selbst in eine Entspannung beim Arbeiten zu kommen, die sich auf den Hund überträgt.

Das Absichern

Der Hund soll lernen, vollkommen frei zu arbeiten, auch wenn hierfür Straßen überquert werden müssen. Der Hundeführer ist dafür zuständig, den Hund sicher über die Straße zu geleiten. Kommt vom Backup oder Trainer der Hinweis, dass ein Auto naht, oder nimmt der Hundeführer dies selbst wahr und muss den Hund anhalten, so geschieht dies bei uns grundsätzlich zuerst über das »Stoppkommando«. Hierfür eignen sich: Stopp, warte, halt, steh oder was auch immer im Alltag bereits eingeführt ist. Erst wenn der Hund dieses Kommando gehört hat, wird zusätzlich, dies aber unbedingt, über die Leine abgesichert. Ist die Gefahr vorüber, wird der Hund mit »Weiter!«, »Okay!« oder »Lauf« wieder in das freie Arbeiten entlassen.

Ähnlich verfahren wir bei Fahrrädern, kreuzenden Kindern oder anderen Gefahren für den Hund, die Leine oder uns.

Weiterhin schützen wir den Hund davor, ungesundes oder gar giftiges Futter unterwegs aufzunehmen. Hierfür nutzen wir die gleichen Kommandos wie im Alltag: »Nein«, »Ähäh« oder »Ähdabäh«.

Selbstverständlich achten wir auch darauf, dass er nicht von freilaufenden Hunden bedrängt oder von Katzen angegriffen wird. In diesem Fall halten wir unseren Suchhund an und stellen uns schützend zwischen ihn und den »Angreifer«.

Hindernisse passieren

Außerdem hilft der Mensch dabei, Hindernisse wie Häuser, Zäune, Fahrstühle und vieles mehr zu passieren, sodass der Hund möglichst wenig Kraft dabei verliert.

Dieser Punkt wird in der 1. Dimension jedoch noch nicht geübt und ist somit nicht Inhalt dieses Buches.

Clou und Susanna arbeiten konzentriert auf der Spur.

Konzentration und Freude, Motivation
Schlussendlich geht es auch darum, den Hund nah am Trail, also in seiner Konzentration und Freude zu halten.

Hierfür ist es unerlässlich, den Hund lesen zu können. Diesen Teil der Zusammenarbeit beschreiben wir ausführlich im nächsten Kapitel »Das Zwiegespräch«.

Belohnung am Ende

Den zweiten Teil des Rahmens bildet die Belohnung am Ende der Suche. Mit den Start- und Belohnungsritualen haben wir unserer gemeinsamen Aufgabe einen klaren Rahmen gegeben, innerhalb dessen wir fokussiert arbeiten können.

Da wir im Aufbau der Mantrailer und vor allem noch in der 1. Dimension grundsätzlich im Singleblind arbeiten, sollte die Suche jederzeit mit einem Erfolg am Ende, also mit dem Auffinden der Versteckperson, enden. Die Hunde zeigen diese sehr schnell mit einem Vorsitzen (oder vergleichbaren Anzeigen) an und werden dann sowohl verbal wie auch mit Futter und mit ruhigem Streicheln durch den Hundebesitzer gelobt und belohnt. Dann wird das Suchgeschirr abgelegt und die Leine als klares Zeichen für das Ende der Aufgabe im Halsband eingeklinkt.

Anschließend geht es ruhigen Schrittes zurück zum Auto, das Erlebte wird besprochen, besondere Punkte noch einmal angesehen und der Hund wird zum Ausruhen ins Auto gebracht.

Auch auf dem Rückweg wird darauf geachtet, dass der Hund möglichst keinen stressigen Hundebegegnungen oder anderen Schwierigkeiten ausgesetzt wird. Er soll mit dem

Auch der Rückweg ist Teil des Trainings.

Erfolg des Findens, der Belohnung und der damit verbundenen Hormonlage in die Pause gehen, sodass sich dieses Gefühl festigt. Wie auch bei uns Menschen wirkt das Lernen beim Hund in den Pausen nach.

Das Zwiegespräch

Hier nun beginnt die eigentliche Teamarbeit, der Teil, der uns fasziniert, der uns mit unserem »Kumpel Hund« das Abenteuer erleben lässt und der mit fortlaufendem Training immer wichtiger wird.

Sind wir gemeinsam auf höchster Ebene des Zwiegesprächs angelangt, tauchen wir ab in das intensive gemeinsame Suchen, kommen in den sogenannten Flow: Wir fliegen über den Trail in dem Gefühl, dass uns alles gelingt, dass wir gemeinsam die Aufgaben lösen, weil wir bedingungslos aufeinander vertrauen und uns quasi blind verstehen. Dabei sind wir absolut konzentriert und fokussiert. Grundlage dafür ist aus unserer Erfahrung folgende Maxime: »Der Hund ist immer richtig!«

Bitte überlegt einen Augenblick, was dies bedeutet.

Wir möchten starke Hunde, die eigenständig arbeiten und voller Motivation und Freude »ihrem« Trail folgen.

Fangen wir an, einen Hund infrage zu stellen, beginnt er selbst an sich zu zweifeln und wird mit der Zeit immer unsicherer. Er beginnt dann herumzutrödeln, zu zögern und versucht anhand unserer Körpersprache zu erraten, was er machen soll. Der Hundeführer wirft ihm dann vor, er sei »privat«, während er tatsächlich nur versucht herauszufinden, wie er die Aufgabe lösen und dem Druck des Hundeführer entkommen kann. Seine wirkliche

Suchleistung leidet darunter. Deshalb ist es wichtig, dass wir an ihn glauben, ihm vertrauen und ihn unterstützen.

Immer mal wieder hören wir Aussagen wie »Mein Hund ist zu trottelig.« oder »Der ist zu doof dafür!« Tatsächlich sagt uns das mehr über den Besitzer als über den Hund. Euer Hund kann es, wenn er ordentlich unterstützt wird. Der Hund leistet ordentliche Arbeit, wenn er sauber aufgebaut ist. Vertraut ihm und arbeitet für ihn, nicht gegen ihn. Dann werdet ihr die Freude an der Arbeit und den Erfolg gewinnen.

Zu Beginn der Ausbildung zeigt der Hund noch etwas zufällig und vorsichtig, wo er die Spur wahrnimmt und wie er sie arbeiten möchte. Über die richtige Unterstützung des Trainers lernt der Hundeführer sehr schnell, den Hund zu bestätigen oder ihm zu helfen, wenn er uns etwas anzeigt. Somit wird der Hund in seiner Arbeitsweise sicherer und damit immer deutlicher. Das Ziel ist ein Hund, der sehr einfach zu lesen ist, weil er wirklich deutlich zeigt, wo er laufen möchte und wo nicht. Das ist die Kunst der ersten Phase, der 1. Dimension, das Herausarbeiten der Körpersprache auf der Spur und in kleinen Kreuzungen.

Über mich und meinen ersten Hund wurde mal gesagt, ich hätte ja auch einen wirklich leicht zu lesenden Hund, mit dem könnten sie das auch so locker wie ich.

In dem Moment wusste ich, dass wir hervorragende Arbeit bei seiner Ausbildung geleistet hatten.

Hierfür müssen wir jeden seiner Schritte, seine gesamte Körpersprache wahrnehmen. Wir wollen im Zwiegespräch mehr als folgen, ohne zu stören oder im Dialog über die Leine bleiben. Wir wollen wirklich mit ihm zusammen den Trail arbeiten.

Deshalb lernt ihr in diesem Kapitel, wie ihr auf die Körpersprache eures Hundes richtig antwortet, um mit ihm ins Gespräch einzusteigen.

Folge der Freude: Das Zwiegespräch auf dem Trail

Ihr habt nun bereits gelernt, wie euer Hund aussieht, wenn er auf der Spur läuft. Ihr wisst, wie ihr als Hundeführer hinter ihm lauft und wie ihr mit der Leine arbeitet, um im Dialog zu sein. An dieser Stelle bleibt für das Laufen auf der Spur nur noch ein Hinweis von uns offen: Schmeißt euer Herz voraus und folgt ihm und dem Hund! Seid frohen Mutes, genießt die Arbeit und wandert freudig mit eurem Hund auf dem Trail!

Der Hund wird dies spüren und seine Arbeit mit euch umso mehr lieben.

Das Zwiegespräch, wenn der Hund abbiegen möchte

Ihr wisst inzwischen, dass der gesamte Trail eine Aneinanderreihung von Entscheidungen ist und ihr somit fortlaufend in die Versammlung geht und sie wieder auflöst, um anschließend den Dialog zu starten bis zur nächsten Versammlung. Läuft der Hund auf einer einfachen Spur, seht und fühlt ihr also, dass der Hund drauf ist, und könnt ihm das Gefühl geben, dass ihr dabei seid, ihn begleitet und ihm glaubt.

Wie sieht nun das Zwiegespräch an den Abbiegern und in besonderen Situationen aus?

Wir erklären Punkt für Punkt, wie ihr auf die Anzeichen, die wir im Abschnitt Körpersprache des Hundes beschrieben haben, antworten könnt.

»Abbiegespur vor der Kreuzung«

Läuft der Hund auf der »Abbiegespur«, so ist es schon im Sinne des Laufens hinter dem Hund klug, ebenfalls in dieser Abbiegespur zu laufen. Bleiben wir stattdessen in der Mitte des Weges, ohne uns wie er seitlich einzuordnen, ziehen wir ihn aus seiner Entscheidung und vor allem aus seiner Überzeugung heraus. Wir wählen also die Abbiegespur.

Genau wie auf dem einfachen Trail sind wir hier auf der Abbiegespur im Dialog mit dem Hund. Vor der Kreuzung gehen wir in die Versammlung. Biegt der Hund entsprechend der Abbiegespur in die vorher angezeigte Richtung ab, so folgen wir ihm flüssig und gehen erst nach der Entscheidung wieder in den Dialog, um zu prüfen, ob er sich seiner Entscheidung noch sicher ist.

Läuft er jedoch in der Entscheidung spontan gegen die richtungsweisende Abbiegespur, so ist es an uns, sehr wach zu sein und zu prüfen, ob diese Entscheidung richtig ist. Wie auch nach dem Abbiegen in die entsprechende Richtung gehen wir anschließend in den Dialog, achten jedoch noch viel aufmerksamer darauf, ob der Hund wirklich dieser spontanen Richtung weiter folgen möchte. Vielleicht haben wir ihn versehentlich mit der Leine oder durch unsere Ausrichtung irritiert oder er ist einem anderen Hund oder Fahrzeug ausgewichen und wir haben es als ein Abbiegen auf der Spur gedeutet.

Es kann sein, dass er nun eine kleine Pause einlegt, vielleicht plötzlich einen spannenden Geruch untersuchen muss oder etwas markiert. Hiermit verschafft er sich Zeit, denkt nach, macht die Nase frei, um die Adaption loszuwerden und die Spur anschließend besser arbeiten zu können. Eventuell nutzt er dies auch, um gegen uns zu wenden, weil wir ihn zu sehr in die falsche Richtung geschoben haben.

Das Team geht auf der Abbiegespur sehr eng um die Ecke.

Wir bleiben also gedanklich unbedingt frei für die Möglichkeit, ihn wenden zu lassen.

Läuft er jedoch unbeirrt weiter, folgen wir ihm und fragen später unseren Trainer, was da los war. Vielleicht gab es eine spannende Verleitspur in die zuvor gezeigte Richtung? Dann wissen wir, dass unser Hund Verleitungen aktuell zu interessant findet.

Blinker (Kurzblick)

Wenn der Hund den Blinker zeigt, verzögern wir als Hundeführer die Schritte, das heißt, wir werden etwas langsamer. Dabei geben wir die Leine heraus, verlängern sie beziehungsweise nehmen den Zug aus der Leine. Wir sagen dem Hund damit, dass wir seine Blicke wahrgenommen haben und es ihm freistellen, die Richtung zu ändern. Eventuell reicht das schon, damit er seitlich abdreht.

Ist dies noch nicht der Fall, weil der Hund noch zu unsicher ist, der Trainer aber klar bestätigt, dass die Richtungsänderung richtig ist, bieten wir beim nächsten Blinken einen Schritt zur Seite an. In den meisten Fällen fällt der Hund nun erleichtert in die angezeigte Richtung, sodass wir die Leine wieder verkürzen und uns wie beim Abbiegen auf den Hund zubewegen und uns hinter ihm einordnen können.

Falls uns der Straßenverkehr daran hindert, dem Hund über die Leine Freiraum zu geben oder seitlich zu gehen, halten wir den Hund über das Stimmkommando an. Wir gehen auf ihn zu, halten ihn am Halsband und warten bis die Straße frei ist. Sobald wir freie Bahn haben, bekommt er das Aufhebekommando. Sehr wahrscheinlich hat er sich bereits zur Straßenüberquerung ausgerichtet, sodass wir diese schnell passieren. Auf der anderen Straßenseite konzentrieren wir uns sehr bewusst darauf, den Hund wieder frei arbeiten zu lassen, weil wir ihn eben daran gehindert haben. Er braucht hier wieder die Zusicherung, dass wir ihm vertrauen und folgen, dass er selbst entscheiden darf.

Schulterausrichtung und Rückenlinie
Fällt die Schulter des Hundes zum Beispiel nach rechts, obwohl der Hund nach links schaut, bereiten wir uns darauf vor, ihm sofort nach rechts folgen zu können, wenn er mit den nächsten Schritten dieser Richtung folgt.

Markieren als Check = richtig
Wir lassen den Hund in Ruhe den Abgang markieren und folgen ihm dann freudig in dem Wissen, dass er uns über das Markieren einen guten Hinweis darauf gegeben hat, dass wir richtig sind.

Die Sprache des Hundes, wenn er zeigt, wo die Spur nicht verläuft

Kopf kommt hoch – Ausschließender Blick
Sobald der Hund den Kopf hebt und über den ausschließenden Blick zeigt, dass die eingeschlagene Richtung nicht mehr richtig ist, verlangsamen wir die Schritte und geben gleichzeitig die Leine heraus, um ihm zu signalisieren, dass wir ihn verstanden haben und abwarten, was er nun vorschlägt. Ein fortgeschrittener Hund wird dabei schon die Schulter in die richtige Richtung fallen lassen, sodass wir ihm folgen können.

Eine meiner wichtigsten Erkenntnisse im Mantrailing war, dass es gar nicht schwierig ist, die Spur mit dem Hund zu trailen. Das Laufen auf der Spur lernt man sehr schnell. Die Kunst besteht darin zu erkennen, wenn man von der Spur abbiegt oder bereits runter ist!

Anfänger hingegen können in dieser Situation noch ideenlos sein, und nicht wissen, wie sie mit dieser merkwürdigen Aufgabenstellung umgehen sollen. Sie brauchen Zeit, um zu denken. Scherzhaft sagen wir dann oft: »Er geht aus.« Tatsächlich sieht man, dass der Hund gedanklich heftig arbeitet, sich umsieht und genau überlegt, was er tun kann.

Wichtig ist, dass wir ihm hierfür sowohl den Raum als auch die Zeit geben, denn nur dann kann er die Lage entsprechend für sich klären und abspeichern, sodass er das Problem zukünftig schneller lösen kann. Mit diesem »Ausgehen« zeichnen sich hin und wieder Quantensprünge in der Suchleistung ab, es ist also kein Grund zu verzagen.

Ist der Weg breit genug, und der Hund läuft einen Bogen, kommt quer bzw. macht den Weg zu mit dem ausschließenden Blick, verlangsamen wir unsere Schritte und geben etwas mehr Leine, so dass der Hund wenden kann. Wir folgen ihm mit unserem Bauchnabel und nehmen die Leine wieder auf, wenn er auf uns zu kommt. Sobald er eine neue Richtung eingeschlagen hat, folgen wir ihm und nehmen den Dialog über die Leine wieder auf.

Abbremsen

Sehen wir, dass der Hund abbremst, nehmen wir sofort Tempo aus unseren Schritten und Zug aus der Leine. Wir bieten ihm damit umgehend an, diese Richtung nicht weiter zu verfolgen. Bleibt er zögerlich, so bleiben auch wir stehen und warten ab, wie er sich entscheidet. Bei den kleinsten Anzeichen nach rückwärts, also in unsere Richtung, helfen wir dem Hund, indem wir ihm den Weg etwas frei machen. Über einen kleinen Seitwärtsschritt mit einer Drehung unseres Bauchnabels um 45 Grad laden wir den Hund ein, gegen uns zu wenden. Nimmt er diese Einladung an, drehen wir uns weiter, nehmen die Leine auf, während er an uns vorbei geht, geben sie anschließend wieder etwas heraus und folgen ihm. Erfahrene Hunde, die gelernt haben, dass sie auch gerne gegen uns wenden dürfen, haben hiermit überhaupt kein Problem. Unsichere und unerfahrene Hunde müssen eventuell erst lernen, diese Einladung anzunehmen. Das Abbremsen wird der Hund mit der Zeit immer deutlicher zeigen, je schneller wir es annehmen. Der Hund lernt damit, dass wir seine Sprache verstehen, ihn ernstnehmen und gerne annehmen, was er uns zu sagen hat.

Am besten funktioniert das Einüben der deutlichen Kommunikation gerade bei diesem für den Hund schwierigen Wenden gegen den Hundeführer, wenn uns der Trainer direkt vorliest, was der Hund uns zeigt, sodass wir

Ausschließender Blick zur Seite, Schulter- und Körperausrichtung nach vorne, Anke geht weiter geradeaus.

ebenso schnell abbremsen können wie der Hund und ihn nicht etliche Meter über sein Bremsmanöver hinwegschieben. Dabei würde der Hund lernen, dass ein schnelles Umdrehen nicht erwünscht ist, und wir kämen weiter von der Spur ab, was nicht im Sinne des energiesparenden Arbeitens ist.

Unsicherer Gang, Körperspannung fällt ab

Auch hier verlangsamen wir unsere Schritte, geben die Leine heraus und nehmen wie der Hund die Spannung aus unserem Körper. Bekommen wir von unserem Trainer das Feedback, dass die Richtung tatsächlich falsch ist, bieten wir mit sehr langsamen Schritten das Wenden an.

Vielleicht fängt der Hund nun an, eine Wende einzuleiten, dann unterstützen wir ihn, folgen ihm mit unserem Bauchnabel und nehmen den Dialog über die Leine wieder auf, sobald er die neue Richtung entscheiden hat.

Regina hat gesehen, dass Hank diese Richtung gerade beenden möchte. Sie bleibt schließlich stehen und gibt nur noch Leine raus.

Es kann aber auch sein, dass er nach kurzer Unsicherheit (zum Beispiel aufgrund von Gegenwind) plötzlich wieder sicher der Spur folgt. Dann folgen wir ihm ebenfalls.

Im Endpool sind wir sehr gefragt. Hier müssen wir oft zwischen abwartendem Handeln und schnellem Folgen umschalten, je nachdem, wie sicher oder unsicher der Hund gerade ist, wie schnell oder langsam er voran möchte.

Der »Offroad-Gang«
Auch hier bieten wir über ein Herausgeben der Leine und Verlangsamen der Schritte dem Hund an, dass wir umdrehen können. Wir folgen mit dem Bauchnabel seiner Ausrichtung und warten seine Entscheidung ab.

Markieren, um sich neu auszurichten
Nutzt ein Hund das Markieren, um sich neu auszurichten, warten wir geduldig im ruhigen Stand mit lockerem Leinenkontakt, bis er fertig ist. Dann schauen wir, welche Richtung er einschlägt, richten uns mit dem Bauchnabel in diese aus und folgen dem Hund im neuen Dialog über die Leine.

Die Sprache des Hundes, wenn er zeigt, dass er unsicher ist

Stehen bleiben

Auch wir bleiben stehen und warten, wie der Hund sich entscheidet.

Blickkontakt mit dem Hundeführer
Nimmt der Hund den Blickkontakt zu uns auf, um uns zu signalisieren, dass er irritiert ist und nicht weiter weiß, geben wir die Leine etwas nach und verdeutlichen ihm, dass er frei arbeiten darf. Am besten hat sich hier das allgemeine Freigabezeichen bewährt. Wie lassen wir den Hund sonst ins Spiel frei? Das kann über Worte wie »Okay!«, »Lauf« oder »Spiel« geschehen. Es ist gut, dies bereits im Alltag etabliert zu haben, damit wir es jetzt nutzen und den Hund damit entlasten können. Zumeist wurde es ja bereits im Welpenalter eingeführt, z.B. wenn der Welpe artig im Sitz bei uns saß und dann abgeleint wurde, um ins freie Spielen entlassen zu werden.

Startet der Hund auf dem Trail nun frei durch, ist es sehr wichtig aufzupassen, dass wir ihn nicht über schlechtes Leinenhandling oder unvorteilhaftes Gehen am freien Arbeiten hindern.

Jetzt ist unser Trainer gefragt! Er muss uns sehr eng führen und schnell anleiten, damit der Hund wieder Sicherheit gewinnt. Auch in den nächsten Trainings sollte er uns im Leinenhandling unterrichten, damit wir unseren Hund künftig nicht mehr stören.

»Privat sein«
Ist unser Hund wirklich »privat«, zeigt dies also über das »Klappergebiss« oder Posieren vor anderen Hunden an, dann laden wir ihn einfach freundlich ein, wieder mitzukommen. Es ist kein Grund, genervt von hinten Druck

Lars wartet bis Marlo sich entschieden hat.

Jetzt ist die Situation für Marlo geklärt.

Beide verfolgen nun die neue Richtung.

zu machen. Habt Verständnis dafür. Auch ihr hattet sicher schon mal Aussetzer während der Arbeitszeit. Seid ehrlich! Bestimmt gab es auch bei euch Zeiten, als ein besonders schöner und netter Mensch euch für einen kurzen Augenblick von der Arbeit abgelenkt hat oder ihr einen Moment vom tollen Mantrailing-Seminar am Wochenende geschwärmt habt, statt direkt an die Arbeit zu gehen. Seid also nachsichtig. In solchen Momenten kann man kurz »Ähäh!« oder »Komm weiter« sagen, ein oder zwei Schritte vorgehen und den Hund am Geschirr mitziehen. Je weniger Stress und Druck ihr macht, desto schneller kann der Hund diese Situation abschütteln und freudig weiterarbeiten. Folgt der Hund euch, übergebt ihr die Führung sofort wieder an ihn. Schaut, ob ein Freigabewort notwendig ist oder er direkt wechseln kann. Wichtig ist nur, dass ihr ihn zuerst ansprecht und die Reaktion abwartet, bevor ihr am Geschirr zieht, ihn erst verbal zum Mitkommen auffordert und dann erst über das Geschirr.

Gerade diese Woche hatte ich das Vergnügen einen potenten Rüden an zwei aufeinander folgenden Tagen zu trainieren. Am ersten war er sehr viel mit Klappergebiss, schnüffeln und markieren beschäftigt. In seinem Heimatdorf gab es läufige Hündinnen, und der Kerl war deutlich im Fortpflanzungsmodus. Ich habe den Trail anschließend analysiert und festgestellt, dass er wahrscheinlich für diesen Hund auch etwas zu einfach war, um ihn von der Fortpflanzungsidee abzulenken. Er sollte ihn zwar entspannen, aber doch nicht so sehr, dass der Job nebenbei laufen konnte. Am zweiten Tag habe ich deshalb in einem Gebiet ohne Hunde eine Aufgabe zum Knobeln gelegt. Der Hund hatte jetzt nicht eine Sekunde Zeit zu trödeln!

Treten diese Situationen zu häufig ein, ist der Trainer gefordert, um das Training wieder in die richtigen Bahnen zu lenken. Wenn der Hund zu häufig korrigiert werden muss, ist die Aufgabe nicht sinnvoll strukturiert. Was kann er legen, um dies zu vermeiden? Wo ergibt sich die Situation wahrscheinlicher, wo ist sie eher unwahrscheinlicher? Einen potenten Rüden auf seiner »Gassistrecke« starten zu wollen, macht es zum Beispiel am Anfang dem Hund unnötig schwer. In unbekanntem Gelände wird es ihm leichter fallen, sich auf die Arbeit zu konzentrieren. Hund und Hundeführer werden weniger Fehler machen, müssen seltener korrigiert werden und werden schneller sicher in ihrem Tun.

Beim Privatsein als Übersprungshandlung aus Unsicherheit gilt es, dem Hund Sicherheit zu vermitteln. Hierfür sind sauber gelegte Trails, gute Trainer, eine sichere Leinenführung und gutes Mitgehen notwendig. Seid weich in den Schultern, arbeitet ohne Leinenrucks, lasst den Hund frei arbeiten.

Seid ihr die Trainer, so hinterfragt, ob der Trail Logikfehler enthält wie damals der Trail um das Hafenbecken, den wir beschrieben hatten. Überlegt auch, ob ihr das Team so anleitet, dass der Hund frei arbeiten kann.

Stöbern in Büschen

Hier kann man als Hundeführer gerne einen Augenblick abwarten, wie der Hund die Suche fortführt. Vielleicht sitzt die Versteckperson im Gebüsch oder eine Katze springt heraus. Bekommen wir vom Trainer den Hinweis, dass es dort nicht weiter geht, nehmen wir jede andere Richtung des Hundes dankbar und gerne an und arbeiten ihm hier schnell zu, indem wir ihm flüssig folgen.

Bleibt der Hund beim Gebüsch hängen, klinken wir ihn nach einiger Zeit um und gehen zur letzten Stelle, an der der Hund sicheres Suchverhalten gezeigt hat. Hier starten wir den Hund erneut.

In dieser Entscheidung lasst ihr euch als Anfänger eng von eurem Trainer coachen. Er kennt die Spurlage und weiß zu beurteilen, warum der Hund gerade dieses Verhalten zeigt.

Nach einem halben Jahr Pause hatte ich kürzlich ein Team im Intensivtraining, das ich davor bereits einige Male trainiert hatte und deshalb relativ gut kannte. Die Hundeführerin sagte, dass ihr aktuell die Sicherheit fehlen würde, ihr Hund wäre »irgendwie merkwürdig« und sie könne ihn gar nicht mehr richtig lesen. Tatsächlich zeigte direkt der erste Trail, dass der Hund gar nicht vom Start weg kam. Er schnüffelte hier, stand dort und markierte in der anderen Richtung. Vorzuwerfen war ihm offensichtlich das »Privatsein«, das äußerte auch die Hundeführerin etwas frustriert.

Aber warum? Woher kam das? War man bereit, das »Privatsein« nicht als Faulheit oder Ignoranz anzusehen, was diesem Hund auch gar nicht ähnlich sah, sondern als Hinweis zu nehmen, war die Lösung einfach: Der Start, der früher sehr leicht für ihn zu lösen gewesen wäre, war heute unter diesen Bedingungen nicht mehr schaffbar. Er hatte sichtlich die eigenständige Arbeit aufgegeben und wartete darauf, dass ihm jemand die Richtung vorgab und er auf die Spur geschoben wurde. Ich als Trainerin war jedoch nicht lesbar, und gab auch der Hundeführerin keinen Hinweis. So hatte der Hund keinen Anhaltspunkt für die richtige Richtung. Das Nutzen seiner Nase hatte er in den vergangenen Monaten aufgegeben. Wir brachen ab, steckten ihn ins Auto und starteten nach einer halben Stunde erneut auf einem leichteren Trail. Diesen fing er nun vorsichtig an. Wir arbeiteten ihm zu, achteten jedoch pingelig darauf, nichts vorzugeben. Allmählich übernahm er die Führung, zeigte jedoch noch nicht die Kraft in den Hinterbeinen, die wir von ihm gewohnt waren, wenn er sicher auf der Spur lief. Deshalb gaben wir ihm nach dem Erfolg am Ende des Trails wieder eine Pause und starteten ihn dann erneut. Dieser Trail war nun etwas länger aber nach wie vor gut lösbar, und hier nun kam endlich auch die Kraft wieder in seine Hinterbeine – nicht wie früher, aber sie war wieder da.

Was war in dem halben Jahr geschehen? Offensichtlich hatten Hundeführerin oder Trainer dem Hund zu viel Anleitung gegeben. Oftmals liegt die Geruchspur, die der Hund riechen kann, nicht genau dort, wo die Versteckperson gelaufen ist, sondern durch den Wind oder die Thermik seitlich versetzt.

Ist man als Trainer lesbar und schiebt den Hund auf den gedachten Trail, der tatsächlichen Laufspur der Versteckperson, erscheint dies dem Hund unlogisch, der ja die wahre Geruchsspur kennt. Da er aber kooperativ ist, stellt er die eigenständige Suche ein und orientiert sich an Hundeführer und Trainer: er arbeitet rückorientiert. Die Folge war dieser krasse Rückschritt.

Ich empfahl der Hundeführerin, künftig vor allem das freie Arbeiten des Hundes zu fördern und darauf zu achten, dass dies im eigenen Training auch im Vordergrund steht.

Die Sprache des Hundes im Endpool und im Gegenüber

Endpool

Im Endpool ist unser Hund sehr aufgeregt. Er freut sich, gleich zu finden und ist deshalb voller Motivation. Für uns ist es wichtig, hier zügig mitzugehen, ihm zuzuarbeiten und ihn dennoch in der Konzentration zu halten. Läuft er zügig und geradlinig, sehr direkt, dann können wir ihm einfach folgen und zur Versteckperson ziehen lassen. Am Ende freuen wir uns mit ihm, lassen ihn fressen und streicheln ihn.

Ist die Geruchslage im Endpool jedoch schwieriger, ist es an uns, die Ruhe zu bewahren und unseren Hund in der Konzentration zu halten. Vielleicht müssen wir unsere Schritte etwas verlangsamen, etwas weniger mitgehen und mehr über die Leine arbeiten. Unsere Arme sind in absoluter Geschwindigkeit gefragt, ohne dabei »fuchtelig« zu werden. Wir richten unseren Bauchnabel ständig in Richtung des Hundes aus, beschleunigen die Wendungen des Hundes jedoch nicht mit überschnellen Drehungen unsererseits.

Wie bereits erwähnt kann es sogar sinnvoll sein, den Hund kurz rauszunehmen und dann erneut anzusetzen.

Hier brauchen wir unbedingt Unterstützung unseres Trainers. In dieser Phase der Ausbildung sollten die Verstecke so gewählt sein, dass der Hund nicht überfordert wird. Er soll einen guten Zugriff entwickeln, weder gelangweilt noch gestresst sein. Wie so oft im Mantrailing, ein schmaler Grat, der viel Erfahrung und Fingerspitzengefühl seitens des Trainers erfordert.

Das Gegenüber

Zeigt uns unser Hund über das »an den Wänden hochgehen« an Häusern, Mauern und Hängen ein Gegenüber an, lassen wir ihn das für sich abchecken. Sobald er jedoch die Idee hat, sich in den Geruch der Spur hineinzubewegen, arbeiten wir ihm zügig zu. Hierfür brauchen wir eventuell die Kommunikation mit unserem Trainer. Erkennen wir das Gegenüber oder meinen eines zu sehen, teilen wir es dem Trainer mit. Vielleicht muss uns aber auch unser Trainer noch darauf aufmerksam machen. Wichtig ist, dass wir unserem Hund ausreichend Zeit und Raum geben, die Situation eigenständig und für sich klar zu lösen und erst die andere Richtung wählen, wenn er es uns auch anzeigt.

Der energetische Gleichklang im Zwiegespräch

Für eine gute Unterhaltung innerhalb des Teams ist es wichtig, dass beide Gesprächspartner auf einem ähnlichen Energieniveau sind. Sprüht der eine über vor Energie und ist der andere eher schwach, wird der schwächere oft platt geredet, und das Gespräch gerät aus dem Gleichgewicht.

So gibt es zum Beispiel Teams, die nicht am Anfang des gemeinsamen wöchentlichen Gruppentrainings starten können, weil der Mensch dann noch zu geladen vom Alltag ist. Läuft er erst zwei bis drei Hunde mit, bekommt er Zeit, sich zu entspannen und in der Trainingssituation anzukommen, und kann sich dann besser auf seinen sanften eigenen Hund einlassen.

Andere Hunde wollen kräftig voran arbeiten, haben jedoch einen verträumten Couchpotato am Leinenende. Hier gilt es, den Menschen zu motivieren und den Hund zu entspannen.

Lasst euch als Team filmen und schaut euch zu, wie ihr gemeinsam arbeitet. Wer hat mehr

Das Team bildet ein harmonisches Bild.

Energie? Fragt auch euren Trainer. Passt ihr super zusammen oder könnt ihr euch noch besser annähern?

Wie in einer Partnerschaft ist auch hier der wichtigste Punkt, dass ihr mit Vorwürfen, der Hund sei doof, schuld oder irgendwie falsch, nicht weiterkommt. Überlegt euch, was ihr bei euch ändern könnt, damit ihr als Team zusammenpasst. Das ist eure Verantwortung.

Geht ihr zum Beispiel mit großen, kraftvollen und lauten Schritten hinter einem feinfühligen Hund her, schiebt ihr ihn dadurch vorwärts und über Entscheidungen hinweg. Zukünftig könnt ihr etwas Spannung aus eurem Körper nehmen und euch bemühen, geschmeidiger und leiser aufzutreten. Schlurft ihr aber und lasst euch lustlos wie ein Lappen hinterherschleifen, nehmt lieber mehr Haltung an und achtet auf saubere Schritte. Der Hund bemerkt eure Energielage und ändert sein Verhalten entsprechend.

Seid ihr mürrisch und unzufrieden, wird der Hund dies durch zögerliches Arbeiten spiegeln. Lasst also das Nörgelnde und Hinterfragende daheim und folgt eurem Hund vertrauensvoll.

Seid ihr voller Freude und gespannt auf die vor euch liegende Aufgabe, wird euch auch der Hund dies zeigen.

Es gibt in diesem Bereich sehr viele kleine Rädchen und Stellschrauben, an denen wir drehen können, auch als Trainer mit den Trails, um ein Suchteam optimal aufeinander einzustellen. Wir möchten es an dieser Stelle jedoch bei diesen Hinweisen belassen. In der 1. Dimension ist es wichtig, dem Hund das freie Arbeiten beizubringen und als Hundeführer den Hund in seiner Körpersprache zu lesen, richtig zu gehen und zu stehen, sowie ein gutes Leinenhandling zu erlernen. Wenn das geschafft ist, sind wir optimal vorbereitet für die 2. Dimension.

DAS TRAINING

Schauen wir uns nun noch das Training etwas genauer an. Wir berichten euch, was sich für uns als sinnvoll herausgestellt hat und warum, wo, und wie wir trainieren.

Trainingsort

Unser Training findet überwiegend im öffentlichen Raum statt. Wir nutzen zum Beispiel das Gelände an Schulen, Verwaltungsgebäuden und Museen sofern dies erlaubt ist. Außerdem trainieren wir sehr viel auf den Wegen und Straßen in Wohngebieten, weil wir hier ein ruhiges Gebiet mit etwas Ablenkung durch Fußgänger, Radfahrer und langsam fahrende Autos vorfinden. Außerdem bekommen wir hier wechselnde Untergründe mit Asphalt, Pflaster, manchmal Schotter, aber auch unbefestigte Wege und Durchgänge sowie Grasflächen zum Üben. Die Wege und Straßen variieren in der Breite, große und schwierig zu arbeitenden Flächen sind jedoch selten und können gemieden werden. Das Gebiet ist abwechslungsreich, für den Anfängerhund jedoch noch einfach zu arbeiten. In höheren Leistungsstufen wechseln wir dann Schritt für Schritt in die Innenstadt, mit viel Verkehr, Abgasen und Lärm, vollen Fußgängerzonen und Busbahnhöfen. Mit dem Inhalt dieses Buches bleiben wir jedoch bewusst im Wohngebiet.

Zu besonderen Anlässen wie bei Events oder einfach nur bei recht warmem Wetter trainieren wir auch in Parks, im Wald oder in Gebäuden wie Schulen und Betrieben, deren Erlaubnis wir haben, oder – später bei entsprechendem Ausbildungsstand – in Einkaufszentren, in denen Hunde erlaubt sind. Hier finden wir jedoch ganz andere, spezielle Bedingungen vor.

Im Wald zieht der Geruch beispielsweise über große Entfernung durch die Freiräume zwischen den Bäumen hindurch. Der Hund bekommt damit die Witterung sehr weit übertragen. Hier müssen die Trails deshalb relativ gerade, also vom Start über die Strecke bis zum Versteck in eine Himmelsrichtung gelegt werden. Sonst lässt sich der Hund bei Abbiegungen im Trail instinktiv durch die Witterung von der Spur wegziehen und lernt, die Spur als unbequemeren, längeren Part einzustufen. Künftig wird er dann über die Witterung abkürzen bzw. überbrücken. Wir möchten für unsere Arbeit jedoch, dass er die Spur liebt und sie gerne verfolgt, weil er lernt, dass sie ihn immer zum Ziel führt. Trainiert man nun häufiger im Wald und beachtet dabei den Spur-Witterungs-Konflikt, legt also »saubere« Trails in eine Himmelsrichtung, lernt der Hund, dass er einfach nur eine bestimmte Strecke in Startrichtung laufen muss und dann ankommt. Wir möchten aber, dass er frei im Kopf bleibt und auch abbiegen kann. Deshalb ist der Wald als Trainingsgebiet nur hin und wieder geeignet. Für das Erlernen der Abbieger ohne den Spur-Witterungs-Konflikt, brauchen wir das urbane Gebiet mit Gebäuden, Mauern und Zäunen als Begrenzung.

In Gebäuden wiederum haben wir völlig andere Geruchslagen als im Freien. Hier fehlt zumeist der Wind, der den Geruch wegweht. Der Geruch bleibt damit stärker in den Räumen. Dafür gibt es ständig Geruchsabrisse der Spur durch geschlossene Türen. Wir können hier Türanzeigen sehr gut üben, indem der Hund sich zum Beispiel vor eine Tür setzt, durch die der Trail hindurchführt oder sie anstupst. Auch Treppen und Fahrstühle können hier erarbeitet werden. Sehr spannend sind außerdem Emporen oder Freitreppen, an denen der Geruch über die verschiedenen Etagen gezogen wird. Für einen Hund, der bisher nur zweidimensional gesucht hat, stellt dies eine völlig neue Herausforderung dar.

Bei Hitze ist das Training im Wohngebiet zu vermeiden. Eventuell ist es im schattigen Wald noch möglich.

Allerdings ist dies für den guten Basisaufbau der Hunde häufig noch zu schwierig. Zu Anfang bleiben wir im ruhigen öffentlichen Bereich und schaffen so eine saubere Grundlage für den Aufbau eines wirklich leistungsstarken Einsatzhundes oder zufriedenen Hobbytrailers.

Traingsgruppe

Wir trainieren gerne wöchentlich in kleinen Gruppen mit 4 bis 6 Teams, die zumeist zeitgleich zum Trainingsort kommen. Eine Trainingseinheit der Gruppe dauert dann ca. 2 bis 3 Stunden. Die Teams sollen gefordert, aber nicht überfordert werden und die Freude an der Arbeit behalten. Dieser Rahmen hat sich als gutes Maß hierfür herausgestellt. Bei manchen Teams kann sich ein zweites Training die Woche oder häufiger mal ein Event am Wochenende anbieten. Allerdings unterscheiden sich die Hunde hier sehr in ihren Anforderungen, und auch nicht jeder Hundehalter hat die Möglichkeit, dies einzurichten.

Während ein Team arbeitet, warten die anderen Hunde im Auto. Wir möchten, dass sie sowohl vor dem Training als auch danach entspannt sind, um während des Suchens voll leistungsbereit zu sein, und das Erlernte anschließend gedanklich verarbeiten zu können. Es ist also vorteilhaft, wenn der Hund gelernt hat, im Auto abzuwarten und sich dabei auszuruhen. Kann er dies noch nicht, muss der Trainer die Gruppe so planen, dass dieser Hund anfangs nur sehr kurz warten muss und in den nächsten Wochen das Warten erlernen kann. Bei Welpen und Junghunden ist dies häufig der Fall.

Die Hundeführer, die gerade nicht aktiv mit ihrem Hund trainieren, helfen als Versteckperson, als Verleitpersonen oder laufen hinter dem Trainer mit und beobachten das Team während der Suche. Gerade diese

Beobachtungen fremder Teams helfen sehr, da man nicht durch eigene Aufgaben abgelenkt ist, sich nicht mit dem Leinenhandling, der Zugkraft des Hundes und den eigenen Zielen auseinandersetzen muss, so dass man entspannter wahrnehmen kann, was der gerade suchende Hund zeigt. Auf diesem Wege lernt man sehr viel über die Körpersprache der Hunde auf dem Trail.

Wichtig ist hierbei, dass auch die mitlaufende Gruppe für den Hund nicht lesbar ist, so dass sich der Hund auch hier keine Informationen über den Spurverlauf holen kann.

Unserer Erfahrung nach lernen Hundeführer, die hier viel und interessiert zusehen, das Mantrailing mit dem eigenen Hund deutlich schneller als diejenigen, die gedanklich nicht am Unterricht teilnehmen und sich über das Wetter und andere Tagesthemen unterhalten. Gleichwohl hat auch dies seine Berechtigung in einer Gruppe, weil auch Hundeführer Pausen benötigen und die belanglose Konversation eine Verbindung und eine angenehme Arbeitsatmosphäre in der Gruppe schaffen kann.

Der Trainer

Wie in vielen Sportarten und Ausbildungen braucht es auch beim Mantrailing – neben einer gewissen Fitness und Selbsterfahrung im Mantrailing – als Trainer einen wachen Verstand und eine große Liebe zu dieser Arbeit, um ein Team wirklich gut trainieren und vor allem fördern zu können.

Mantrailing ist sehr vielschichtig und das Eintauchen in die Materie ein echtes Abenteuer. Wer Lust verspürt, sich in dieses Abenteuer hineinzustürzen, es bis in alle Winkel zu erforschen, es mit Freude und Neugier zu erschließen und mit Liebe für die Zusammenarbeit, Hingabe zum Hund, Spaß an eigener Entwicklung, der wird ein wirklich guter Trainer werden, ein Trainer mit Passion.

Ohne diese Hingabe und Freude wird die Entwicklung stark limitiert bleiben und zum Wohle des Hundes kommt am Ende bestenfalls ein halbwegs logisches Training zustande. Unsere Hunde können sich den Trainer nicht aussuchen. Sie wollen uns dienen, und somit liegt es an uns, ihnen die besten Möglichkeiten für ihre Arbeit zu bieten. Wir hoffen, dass wir mit diesem Buch auch den Hundeführern genug an die Hand geben, um eines Tages zu erkennen, ob das Training sinnvoll und gut ist. Euch als Trainer wünschen wir, dass ihr mit reinem Gewissen sagen könnt, dass ihr euer Bestes gebt. Je mehr Wissen, Liebe und Freude, ja auch Sorgfalt ihr in das Training steckt, desto mehr Energie werdet ihr daraus schöpfen können. Die Rückmeldungen der Hundeführer tragen euch dann durch die Täler, weil ihr in bester Hormonlage arbeitet.

Aus eigener Erfahrung empfehlen wir euch als Trainer, einen aktiven Austausch mit euren Wegbegleitern. Sucht euch Paten und Mentoren, hört ihnen aufmerksam zu, trainiert gemeinsam mit anderen Trainern und tauscht euch über euer Training aus. Wir halten diesen Austausch für extrem wichtig. Nur so könnt ihr die Qualität hochbringen und vor allem auch langfristig halten.

Viele Aspekte unserer Arbeit sind genau daraus entstanden: durch Beobachtung von Trailteams und anschließende gemeinsame Reflexion. Wir profitieren hierbei von den anderen Wahrnehmungen unserer Kolleginnen und Kollegen. Dadurch entstehen neue Denkansätze und Ideen. Wir weiten unseren Blickwinkel, der sich aus naturgegebener Bequemlichkeit und den Begrenzungen der eigenen Welt immer wieder einengen möchte. Das ist äußerst wichtig, am Anfang für das Erlernen der Arbeit ebenso wie langfristig für das Halten des Niveaus. Letztendlich ist auch dieses Buch so entstanden: Wir haben uns ausgetauscht, sind immer tiefer in das Abenteuer eingetaucht und hatten eines Tages das Bedürfnis, euch daran teilhaben zu lassen – und wir freuen uns auch auf eure Rückmeldungen, um daran wieder selbst weiter wachsen zu können.

Darüber hinaus möchten wir einen weiteren wichtigen Punkt ansprechen: Als Trainer ist es sehr wichtig, in Gleichklang mit den Teams, die ihr trainiert, zu kommen. Wie in anderen Coachingbereichen auch, geht es darum, die jeweils passende Sprache zu finden, Wertschätzung für das Team zu empfinden und auch zum Ausdruck zu bringen. Achtet darauf, wer euch gegenübersteht! Eine ältere Frau mit Hörgerät braucht eine andere Ansprache und ein komplett anderes Training als ein 25-jähriger Mann. Hat die Hundeführerin Sehschwierigkeiten, könnt ihr nicht jeden Trail legen, ebenso, wenn ein unsicherer Gang das Überwinden kleinerer Hindernisse unmöglich macht. Daneben gibt es ganz andere verschiedene Ansprüche an das Training: Ein Hundeführer möchte einfach nur eine nette Zeit mit seinem Hund und Gleichgesinnten erleben, der andere strebt die Einsatzfähigkeit an. Hier braucht ihr völlig unterschiedliche Intensitäten in der Arbeit und somit auch in den Aufgabenstellungen und Rückmeldungen. Beide Teams sind gleich wertvoll und sie zahlen das gleiche Geld, dennoch sind sie vollkommen anders zu bedienen. Fühlt euch in die Teams ein und versucht herauszuarbeiten, was sie möchten, was sie können und was ihnen möglich ist. Schaut euch Mensch und Hund sowie deren Teamarbeit ganz genau an! Sucht die Stellschrauben, die ihr bearbeiten wollt, um das Team aufs nächste Niveau zu bringen!

Hierzu eine spannende Rückmeldung einer Kundin kurz vor der Einsatzreife: »Mir ist nach heute erstmal richtig bewusst geworden, was eine gute Trainer-Team-Kombi ausmacht. Ich persönlich finde, dass es auch voll okay ist, ein Team an einen anderen Trainer weiterzuleiten, wenn die Wärme/Empathie zwischen Trainer und Team nicht passt, bzw. dass das Team in dem Fall auch um einen anderen Trainer bitten kann. Ich finde das sooo wichtig … Ich weiß nicht, wie ich es am besten beschreiben soll, aber Trainer und Team müssen in ihren eigenen Blasen eine übergeordnete Blase bilden, wenn das was werden soll.« Ein wunderschönes Bild für die gemeinsame Arbeit.

Stürzen wir uns nun gemeinsam in die Gedankenwelt des Trainers.

Allein während einer einzigen Trainingseinheit sind unzählige Überlegungen notwendig. Im Folgenden führen wir euch beispielhaft Gedankengänge eines Trainers auf, damit ihr eine Vorstellung von der Intensität und Komplexität dieser Arbeit bekommt.

Die Kunst ist, bei all diesen Fragen, die ein Trainer sich während des Trainings stellt, entspannt zu wirken und dem Team absolute Sicherheit zu vermitteln, damit es in seiner Kraft und in Freude arbeiten kann und die volle Leistungsbereitschaft bringt.

■ Wichtig

Nur ein leistungsbereites Team kann von mir als Trainer gefördert werden; ist dies nicht der Fall, muss ich als Erstes die Leistungsbereitschaft des Teams fördern.

Überlegungen des Trainers VOR dem Training einer GRUPPE

Jede unserer Trainingseinheiten beginnt mit der Planung des Trainingsziels: Welchen Ausbildungsstand haben die erwarteten Teams, wie sind ihre aktuellen Themen und die daraus entstehenden Aufgabenstellungen? Brauchen wir viele Gelegenheiten zum Antrailen, also eher ruhige Ecken z.B. von Schulgebäuden, oder schmale Wege mit einfachen Abbiegern für die ersten Trails danach? Haben wir schon höher ausgebildete Teams dabei, die auch breitere Straßen im Wohngebiet trainieren sollen? Geht es bei einem Team aktuell um das Leinenhandling auf der Strecke, brauche ich lange Wege ohne Abbieger. Möchte ich die Abbieger üben, bieten sich z.B. Reihenhaussiedlungen mit vielen verbindenden Fußwegen an.

Außerdem ist die Wettervorhersage wichtig: Bei Hitze ist es besser, auf Gebiete mit viel Schatten und Natur auszuweichen statt der schnell aufheizenden Asphaltwege in Wohngebieten, bei Regen ist ein überdachter Treffpunkt angenehm.

Haben wir all diese Punkte gesammelt, kann das passende Gelände für die Summe der Aufgaben ausgewählt werden. Damit ist ein guter Grundstein gelegt.

Jetzt überlegen wir uns noch eine sinnvolle Reihenfolge der 3–5 Teams, denn je nach Aufgabenstellung ist es wichtig, dass ein Team zu Beginn des Trainings ohne alte Spuren aus der Trainingseinheit oder zum Ende mit vielen alten Spuren üben kann. Vielleicht muss ein Team auch wegen des Hundes, der noch nicht im Auto warten kann, früher nach Hause.

Mit diesen Entscheidungen haben wir die Randbedingungen für das Training festgelegt und können in die konkrete Einzelplanung gehen.

Überlegungen des Trainers VOR dem Training des TEAMS

Sind wir am Trainingsort angekommen und haben alle Teilnehmer begrüßt, nach ihren Befindlichkeiten und gegebenenfalls Wünschen gefragt, starten wir mit dem Training des ersten Teams.

Als Trainer denken wir uns nun genauer in das einzelne Team hinein: Wie ist der Ausbildungsstand des Teams bezüglich der Spurlänge, was können sie maximal arbeiten? Wie sieht es mit den hierin enthaltenen Schwierigkeiten z.B. der Wegbreite und den Abbiegern aus? Wie gut ist die gemeinsame Arbeit, also der Leinenkontakt zwischen Hund und Hundeführer, und wie gut kann der Hundeführer die Körpersprache des Hundes lesen? Was war die Essenz aus dem letzten Training? Was wollten wir daraus für dieses Training mitnehmen?

Welche Punkte soll das Team, der Hund, der Hundeführer in diesem Training lernen? Was braucht der Hund hierfür bezüglich der genauen Umgebung, Wegführung, Art der Aufgabenstellung usw.? In welcher Stimmung ist das Team? Wie wirkt sich das Wetter auf die Arbeit aus? Welche Leistung ist zu erwarten? Wie hoch kann ich die Schwierigkeit folglich ansetzen? Habe ich die Überlegungen wirklich so ausgerichtet, dass das Team erfolgreich sein wird? Was kann und soll der Hundeführer während der Arbeit beachten? Welche Hinweise benötigt er hierfür von mir?

Was habe ich als Trainer auf dem Trail zu bedenken? Welche Anteile und Abschnitte muss ich eng begleiten, weil es schwierig ist, was wird wahrscheinlich problemlos laufen?

Und, last but not least, muss der Hundeführer auf die Suche mit seinem Hund eingestimmt

und gedanklich gut auf die Aufgabenstellung vorbereitet werden: Wir wollen finden. Wir werden finden. Folge der Freude.

Überlegungen des Trainers WÄHREND des Trainings des TEAMS

Nachdem wir bisher viel Zeit für unsere Überlegungen hatten, ist nun unser Trainerprozessor in Hochleistungsgeschwindigkeit gefragt.

Während des Trailens passiert alles schnell und gleichzeitig, und wir müssen auf den Punkt präsent sein, um zu entscheiden, ob und wann wir eingreifen. Folgende Fragen sind während jedes Trainings zu stellen:

Wo starten wir genau? Wie ist bei diesem Team das Startritual? Was mache ich dabei? Ist das Team nach unserer guten Vorbereitung flüssig gestartet? Läuft das Abriechen und Loslaufen schon optimal oder können wir das künftig noch etwas verbessern? Anteile merken! War ich beim Start für den Hund lesbar? In welche Richtung zeigten meine Füße? Ist das Team auf der Spur? Was zeigt der Hund auf der Spur, und was zeigt er, wenn er diese überläuft? Ist es sinnvoll, dies dem Hundeführer zu sagen? Jetzt oder nach dem Training? Bin ich lesbar? Nutze ich immer die gleichen Worte als Richtungsbestätigung oder unterschiedliche? Ist das Team gerade zu schnell für die kommende Kreuzung?

Wie antwortet der Hundeführer auf den Hund? Welche Hilfe braucht er?

Wie sieht das Zwiegespräch der beiden aus? Kommt der Hund gut mit der Spurdifferenzierung klar, die von mir gelegt wurde? Erkennt der Hundeführer dies? An welcher Stelle braucht das Team mein Coaching? Bin ich eben lesbar gewesen? Habe ich wieder das

Vor- und Nachbesprechung gehören zu einem guten Training dazu und werden deshalb bei uns in der Trainerausbildung geübt.

gleiche Wort für die Bestätigung gesagt oder habe ich gewechselt? Geht die Trainingsidee auf? Wie kann ich dies jetzt noch fördern? Warum markiert der Hund? Ist es wichtig für ihn oder kann es unterbunden werden?

Kommt irgendwo ein Auto oder wird das schnell herankommende Fahrrad unsere Spur kreuzen? Ist das Team sicher? Bin ich lesbar?

Wie ist die Stimmung des Teams? Arbeiten beide noch in der Freude? Kippt es? Wie viel kann ich zulassen, wann helfe ich besser? Wie kann ich mit optimalem Coaching helfen, ohne lesbar zu sein?

Kommt ein fremder freilaufender Hund entgegen oder fährt uns das Kind mit dem Bobbycar durch die Füße?

Wie sicher ist der Hund beim Finden im Endpool? Bin ich hier lesbar? Zeigt er die Versteckperson gut an? Wirken beide zufrieden? Wird die Belohnung richtig gereicht? Lobt der Hundeführer gut? Zeige ich meine Zufriedenheit?

Vermutlich habt ihr die wichtigste Frage während des Trainings bemerkt: Bin ich als Trainer lesbar? Diese Frage könnt ihr euch gar nicht oft genug stellen. Diese Frage ist DER Schlüssel zu hoher Qualität im Training und damit guten eigenständig arbeitenden Teams.

Ihr seid also klug beraten, wenn ihr euch diese Frage sehr, sehr häufig, eigentlich immer, stellt und sie bestenfalls jederzeit verneinen könnt.

Überlegungen des Trainers NACH dem Training

Am Ende jeden Trainings ist die Bilanz zu erstellen:

Wie war der Erfolg unseres Trainings? Habe ich als Trainer den Stand des Teams richtig eingeschätzt? Habe ich die richtige Aufgabenstellung gewählt? Habe ich im richtigen Maß gecoacht? Habe ich die richtige Art der Ansprache gefunden, um das Team über den Trail zu begleiten?

Wo gibt es noch Schwierigkeiten – neue oder alte? Welche Konsequenzen ziehe ich als Trainer für das weitere Training?

Welches Feedback gebe ich dem Hundeführer? Was kann ich loben? Was war wirklich richtig super? Denkt daran: Loben ist unbedingt erforderlich, es bringt die richtige Stimmung!

Welche Aufgabenstellungen für die Zukunft spreche ich an? Worauf mache ich gespannt? Wie verabschiede ich das Team aus dem Training, sodass es sich auf die nächste Einheit freut und in guter leistungsbereiter Gefühlslage wieder kommt?

Denkt daran: Der Hund ist immer richtig! Wenn ein Training nicht gut läuft, habe ich als Trainer die Situation falsch eingeschätzt, nicht ausreichend oder nicht passend gecoacht oder die Schwierigkeit zu hoch oder zu niedrig gesetzt.

... und manchmal kommt auch einfach nur das Leben dazwischen:

- Die Hochzeitsgesellschaft auf dem eben noch leeren kleinen Kirchvorplatz, über den der Trail für einen menschenscheuen Hund führt
- Das wegfahrende Auto, hinter dem die Versteckperson saß. Der Fahrer wollte leider nicht warten, weil er Arzt ist und dringend zu einem Patienten musste und somit seinen Auftrag als wichtiger erachtete, obwohl auf die Schnelle damit weit und breit kein sinnvolles Ersatzversteck mehr vorhanden war
- Der kleine kläffende Hund, der am Supermarkt-Pfeiler vor der Versteckperson angebunden wurde. Das arme Kerlchen kläffte noch, als wir längst wieder weg waren.
- Das Müllfahrzeug, das eben noch nicht da war und nun plötzlich den gesamten Weg blockiert
- Die Frau mit gleich 2 mopsartigen Hunden auf dem schmalen Weg, nachdem im Vorgespräch gerade festgestellt wurde, dass der Suchhund echte Schwierigkeiten mit NUR dieser Rasse hat und sonst keiner.
- Die Liste kann endlos fortgesetzt werden ...

Murphys Gesetz gilt auch im Mantrailing! Gerade dann sind wir als souveräne Trainer gefragt. Hier zeigt sich das wahre Können.

Tatsächlich war es genau diese Gelassenheit Susannas, die Michel und mir damals unendlich geholfen hat. Wir hatten beide das Gefühl, in ihrem Training »save« zu sein und konnten deshalb endlich entspannt arbeiten und ganz andere Hürden nehmen als früher jemals gedacht.

Die Trainerspur richtig legen oder: Wie laufe ich als Trainer?

Die Trainerspur ist ein entscheidender Faktor für den richtigen Aufbau des Hundes. Hier können viele Fehler passieren, die unweigerlich zu Fehlinterpretationen des Hundes bezüglich der Aufgabenstellung führen.

Führt die Trainerspur zum Beispiel immer auf dem Trail entlang, weiß der Hund nach dem zweiten oder dritten Training, dass er sich hieran orientieren kann und wird dies künftig auch tun. Woher soll er wissen, dass wir ihm eigentlich gar nicht diese Aufgabe stellen wollten, wenn sie ihm immer wieder präsentiert wird? Gleiches gilt für den Fall, dass die Rückspur des Trainers immer die kürzeste Strecke nimmt, weil der Trainer zwar einen tollen Trail legen will, auf dem Rückweg jedoch Zeit einsparen möchte. Der Hund wird dies bald entdecken und zukünftig diese Spur wählen. Sein Instinkt rät ihm, die kürzeste erfolgversprechende Spur zum Futter zu wählen, somit hat er die Aufgabe mit der kurzen Trainerrückspur aus seiner Perspektive sinnvoll gelöst. Dass diese mit unserer gedachten Aufgabe bezüglich des Suchens der Versteckperson wenig gemein hat, kann er nicht wissen. In seiner Welt ist die Logik eine andere.

Natürlich könnten wir als Lösung in einer solchen Situation den Hund beim Switchen auf die Trainerrückspur nun einfach ausbremsen und diese – für uns falsche – Spur nicht arbeiten lassen. Was würde passieren? Unser Ziel ist ein selbständig arbeitender Hund. Lernt er, dass er ausgebremst wird, wenn er unserer Meinung nach falsch läuft, wird er sehr bald einfach verschiedene Richtungen ausprobieren und dann diejenige nehmen, in die er darf, statt aufwändig seine Nase zu benutzen, um sich eine Spur zu erarbeiten, die wir sowieso als falsch ansehen. Aufgrund der für ihn – wie

Blossem als junge Labrahoundhündin in der Basisarbeit der 1. Dimension. Von hinten wird eng gecoacht, damit das Team Sicherheit gewinnt und gute Erfahrungen sammelt.

beschrieben – fehlenden Logik in der Aufgabenstellung bleibt ihm letztendlich nur diese Option. Das ergibt dann Gassigehen oder -laufen unter dem Deckmantel des Mantrailing und hat mit Sucharbeit über die Nase des Hundes nichts zu tun.

Hält sich ein Trainer nun für besonders schlau und legt seine Spur aus obigen Gründen immer ganz außen herum, so lernt der Hund bald, dass er im Zweifel nur das Gebiet innerhalb des Trainerspurkreises absuchen muss, und falsch ist, sobald er diese überläuft. Er wird die Trainerspur folglich als äußere Grenze nutzen.

Als nächstlogische Lösung könnten wir jetzt niemals eine Trainerspur mitlaufen lassen und die Versteckperson grundsätzlich per Anweisung in ihr Versteck schicken. Ja, aber ... Wie wollen wir dem Hund dann beibringen, dass im Ernstfall Spuren kreuzen, die sehr interessant sind, jedoch trotzdem unberücksichtigt bleiben müssen? Und vor allem, wie sollen wir jemals alle Versteckpersonen sicher im Versteck wissen? Mit Missverständnisse zwischen Versteckperson und Trainer sowie kreativen Interpretationen von Anweisungen seitens der Versteckpersonen muss immer gerechnet werden. Selbst wenn die Anweisung lautet: »Sitze 100 m nach der Kreuzung auf der grünen Bank unter der roten Laterne!«, kann es sein, dass die Ecke hinter dem roten Auto im grünen Carport als Versteck gewählt wird, weil entweder nur die beiden Farben im Gedächtnis geblieben sind oder aber die Versteckperson das Versteck einfach als schöner/besser erachtet hat, was tatsächlich immer mal wieder passiert. Wir müssen also absichern, dass wir verständlich mit der Versteckperson kommunizieren und das Schicken funktioniert.

Auch hier höre ich schon die Einwände: Das muss der Hund dann aber auch arbeiten können! Nein, nicht in dieser Phase des Aufbaus. Später ganz sicher. Jede kleine Veränderung des Verstecks aus einem Trail, der dem Leistungsstand des Hundes/Teams entspricht, kann den Trail so erschweren, dass das Team ihm noch nicht gewachsen ist. Folglich können wir nicht jede Person sicher schicken und nicht in jedem Gebiet. In den Leistungsphasen, um die es in diesem Buch geht, muss das Versteck sicher gewählt und uns als Trainer bekannt sein! Punkt.

Als ideal hat sich herausgestellt, wenn wir als Trainer einen Teil des Trails (mal den Anfang, mal die Mitte) mitgehen oder den Trail kreuzen. So sehen wir, ob die Versteckperson richtig geht, wir legen eine Verleitung für den Hund und bieten ihm keine Möglichkeit sich an uns zu orientieren.

Wir müssen also aus den verschiedenen Möglichkeiten, eine Trainerspur zu legen sehr flexibel wählen und immer wieder variieren. Nur die kürzere Spur dürfen wir nie in Betracht ziehen, weil sie ein zu großes Risiko darstellt.

Ebenso müssen wir die Spuren der Verleitpersonen, die Verstecke/Auffindeorte und -haltungen sowie die Versteckpersonen selbst und deren Spurverläufe variieren.

Findet der Hund von Anfang an keine Gewohnheit (außer der Verknüpfung Geruch-Geruchspur-Versteckperson), arbeitet er sauber an der Spur, ignoriert die Verleitungen und hat einen guten Zugriff, ohne verunsichert zu werden.

Dies ist es, was wir unbedingt fördern wollen.

■ Zusammenfassung

- Die Trainerspur ist, wenn vorhanden, in den Abschnitten immer länger und unbequemer als die der Versteckperson.
- Die Trainerrückspur ebenfalls.
- Ansonsten ist die Trainerspur über aufeinander folgende Trainings grundsätzlich sehr variabel und beinhaltet alle Möglichkeiten, die es gibt.

Das zirkuläre Trailmodell nach GO.FIND.

Ein Leitfaden für Training und Entwicklung

Zum Schluss möchten wir dir noch ein Modell an die Hand geben, das die Essenz unserer Philosophie in einen praktischen, wiederholbaren Prozess übersetzt: da szirkuläre Trailmodell nach GO.FIND. Es kommt in all unseren Ausbildungen vor und ist ein wertvoller Leitfaden für jedes Training – egal, ob du als Trainer ein Team anleitest oder als Trailer an deiner eigenen Entwicklung arbeitest.
Das Modell besteht aus sechs Phasen, die einen Kreislauf bilden. Jedes Training durchläuft diese Phasen, und das Feedback am Ende eines Trails ist gleichzeitig der Startpunkt für den nächsten. Es sorgt für Struktur, Klarheit und stellt sicher, dass jedes Training bewusst und zielgerichtet gestaltet wird.
Wir erklären jede Phase aus zwei Perspektiven: einmal für Mensch-Hund-Teams, die das Modell für ihr eigenes Training nutzen können, und einmal für Trainer und Trainees, die lernen, wie man andere Teams professionell begleitet.

Phase 1: JOINING

Ankommen & Verbindung herstellen

Jedes gute Training beginnt, bevor der Hund überhaupt aus dem Auto geholt wird. Es beginnt mit dem Ankommen und dem bewussten Herstellen einer Verbindung.

Für Mensch-Hund-Teams: Nimm dir einen Moment Zeit, um wirklich anzukommen. Wie fühlst du dich heute? Bist du gestresst, müde oder voller Energie? Dein Hund spürt deine Verfassung. Ein kurzes Gespräch mit deinem Trainer oder Trainingspartner über Alltägliches hilft, den Kopf freizubekommen. Es gilt der Grundsatz: Beziehung vor Technik. Erst wenn du präsent und offen bist, kann ein echtes Teamwork mit deinem Hund entstehen.

Für Trainer: Deine erste Aufgabe ist es, einen sicheren Raum zu schaffen. Zeige echtes Interesse am Team, nicht nur am Trainingsziel. Frage nach dem Befinden, höre aktiv zu und baue Vertrauen (Rapport) auf. Entwickle ein inneres Bild vom Team: Wo stehen sie heute? Was bringen sie mit? Gib dem Menschen die Möglichkeit, eventuellen Alltagsstress abzulegen. Deine Präsenz und dein ehrliches Interesse sind die Grundlage für alles, was folgt.

Phase 2: INHALTLICHE ORIENTIERUNG

Standortbestimmung

Wo stehen wir heute? Diese Phase ist eine ehrliche Bestandsaufnahme, um den richtigen Fokus für das Training zu finden.

Für Mensch-Hund-Teams: Reflektiere ehrlich: Was lief im letzten Training gut? Wo gab es Unsicherheiten? Teile deine Beobachtungen und Gefühle mit deinem Trainer. Was ist dein konkretes Anliegen für heute? Vielleicht möchtest du an deiner Leinenführung arbeiten oder eine bestimmte Art von Kreuzung meistern. Eine Selbsteinschätzung (z.B. auf einer Skala von 1–10) kann helfen, den Fokus zu schärfen. Und ganz wichtig: Was würde dein Hund sich heute wünschen, wenn er sprechen könnte? Einen kurzen, motivierenden Trail oder eine knifflige Herausforderung?

Für Trainer: Jetzt geht es ins Detail. Du bist der Master of the Game – das bedeutet, dass du zwar die Wünsche und Anliegen des Teams aufmerksam anhörst, aber letztendlich du entscheidest, was für dieses Team richtig ist. Frage gezielt nach: Rückblick auf letzte Trainings, aktuelle Themen, Stimmungen und Erfolge. Kläre den Auftrag: Was ist die Eigenmotivation des Kunden? Gibt es ein konkretes Anliegen? Überprüfe den Trainingsstand und gleiche die Selbstwahrnehmung des Kunden mit deinen Beobachtungen ab (Faktencheck). Kläre ab, ob es noch etwas gibt, das du wissen musst. Basierend auf deinem Fachwissen, deiner Erfahrung und deinem Verständnis für das Team triffst du die Entscheidung, welcher Fokus für heute der richtige ist – nicht das Team.

Phase 3: ZIELFORMULIERUNG

Worum geht's heute?

Ein Training ohne Ziel ist wie eine Reise ohne Zielort. Das Ziel gibt die Richtung vor und macht den Erfolg messbar.

Für Mensch-Hund-Teams: Formuliere

gemeinsam mit deinem Trainer ein konkretes und realistisches Ziel für die heutige Einheit. Statt »wir wollen besser werden«, wähle ein spezifisches Ziel wie »Ich möchte heute lernen, die Abbrüche meines Hundes noch deutlicher wahrzunehmen.« Wenn es mehrere Themen gibt, entscheide dich für das wichtigste. Frage dich: Was wäre heute der eine kleine Schritt, der den größten Unterschied macht (Gamechanger)?

Für Trainer: Deine Aufgabe ist es, aus den Informationen der zweiten Phase ein klares, erreichbares Trainingsziel zu destillieren. Hilf dem Team, das Ziel zu benennen und zu priorisieren. Formuliere es so, dass es für den Kunden verständlich und motivierend ist. Das Ziel ist euer gemeinsamer Vertrag für die kommende Arbeit.

Phase 4: FOKUSSIERUNG

Wie kommen wir dahin?

Mit einem klaren Ziel vor Augen wird nun der Weg dorthin geplant: der Trail.

Für Mensch-Hund-Teams: Dein Trainer wird nun einen Trail planen, der genau auf dein Trainingsziel zugeschnitten ist. Die Länge, der Verlauf, der Schwierigkeitsgrad und eventuelle Verleitungen werden so gewählt, dass du die Chance hast, dein Ziel zu erreichen. Vertraue auf diesen Plan und nutze die Gelegenheit, offene Fragen zu klären, bevor es losgeht.

Für Trainer: Jetzt ist deine Expertise in der Traillegetechnik gefragt. Wähle die passende Aufgabenstellung und die unterstützenden Rahmenbedingungen (Gelände, Wind etc.), um das Trainingsziel zu erreichen. Definiere die nächsten Schritte und schaffe einen klaren Fokus-Rahmen für das Team. Instruiere das Team klar und verständlich, sodass es genau weiß, was seine Aufgabe ist.

Phase 5: TRAILPROZESS

Durchführung & Begleitung

Das ist der Moment, in dem die eigentliche Arbeit auf dem Trail stattfindet.

Für Mensch-Hund-Teams: Sei präsent und konzentriere dich auf die gemeinsame Arbeit mit deinem Hund. Vertraue auf seine Nase und auf den Prozess. Dein Trainer wird dich begleiten – mal durch aktives Coaching, mal durch stilles Beobachten. Nimm die Hilfestellungen an, aber spüre auch selbst in die Situation hinein. Es geht um Empowerment statt Kontrolle – du und dein Hund seid das Team.

Für Trainer: Deine Begleitung ist nun entscheidend. Finde die richtige Balance zwischen Coachen und Beobachten. Wann braucht das Team einen Impuls und wann braucht es Raum, um selbst eine Lösung zu finden? Zeige Präsenz, ohne zu lenken. Dein Coaching sollte flexibel und stufenlos an den Bedarf des Teams angepasst sein. Du bist der Leitplanke, nicht der Motor.

Phase 6: ZIELEINLAUF & FEEDBACK

Der zentrale Moment

Der Fund am Ende des Trails ist mehr als nur eine Belohnung. Es ist der Höhepunkt der gemeinsamen Arbeit und der Startpunkt für die Reflexion.

Für Mensch-Hund-Teams: Gestalte den Moment des Findens bewusst und genieße ihn. Es ist der Lohn für eure gemeinsame Anstrengung. Nimm dir nach dem Trail einen Moment Zeit, um das Erlebte zu reflektieren. Was lief gut? Was hast du gelernt? Dieses Feedback ist entscheidend für deine Entwicklung und fließt direkt in die Planung deines nächsten Trainings ein.

DER BEISPIELHAFTE Trainingsplan

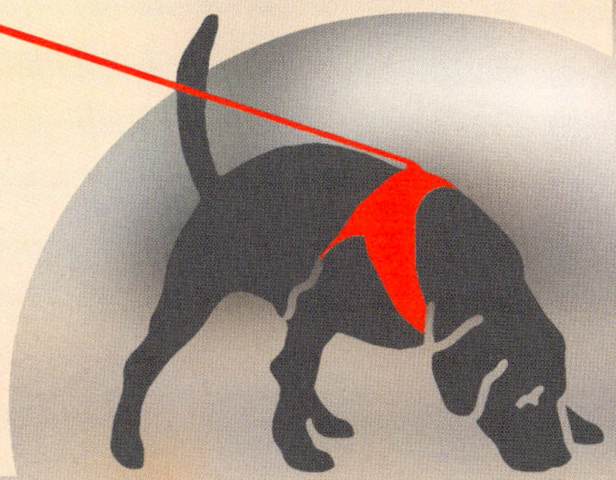

Der beispielhafte Trainingsplan ist ein Reiseführer durch die 1. Dimension im Mantrailing: die Strecke.

Diese Reise haben wir in sechs Etappen unterteilt: Wir beginnen mit dem Antrailen, gehen dann die ersten Schritte in die Welt, verlassen alte Spuren, lernen kleine Verleitungen zu ignorieren, einfache Kreuzungen zu entscheiden und schließlich eine Strecke von 350 Metern zu trailen.

Wir erklären euch in diesem »Reiseführer«, in welcher Reihenfolge wir einem Team die verschiedenen Aufgaben stellen, die es zu erlernen gibt, sowie welche Rahmenbedingungen dafür erfüllt sein müssen.

Antje und Akita trailen nach dem Motto »Folge der Freude«.

Er beinhaltet den sinnvollen Aufbau des Abriechens, der Anzeige der Versteckperson und das Leinenhandling sowie erste Schritte des Zwiegesprächs. Gleichzeitig wird das in dieser Phase wichtige Erlernen der Spurdifferenzierungen, Abbieger und Sackgassen dargestellt.

Wir möchten hierbei betonen, dass die Angabe der Trainingstage nur einen ungefähren Hinweis darstellt, der auf unseren Erfahrungen beruht und den groben Durchschnitt der guten Teams umfasst. Natürlich gibt es sehr große Unterschiede in Talent und Lernfähigkeit, und das Training muss entsprechend hinterfragt und auf die Teams angepasst werden. Ein sehr begabter Hund mit einem im Mantrailing erfahrenen Hundeführer kann deutlich schneller aufgebaut werden als ein ganz junger Hund, der sich noch leicht durch Einflüsse aus der Umwelt verunsichern lässt, oder ein ganz alter Hund, der in seinen Sinneswahrnehmungen oder seiner körperlichen Leistungsfähigkeit bereits etwas eingeschränkt ist.

Merkt ihr, dass ein Team Schwierigkeiten mit der aktuellen Aufgabe hat, trainiert ihr am besten kurz unterhalb dieses schwierigen Niveaus weiter und baut das Team langsam wieder hierfür auf. Erst wenn die Aufgabe wirklich sitzt, geht ihr zum nächsten Schritt über. Ein in der ersten Phase gründlich aufgebautes Team, wird im späteren Verlauf viel weniger Probleme haben und vieles an Zeit aufholen.

Unser Motto lautet: Folge der Freude!

Der wichtigste Leitsatz ist also, dass das Team Spaß an der Arbeit haben soll, und das funktioniert nur mit einem an den Leistungsstand und die Möglichkeiten des Teams angepassten Training. Es darf nicht zu lange unter dem Niveau trainiert werden und dadurch langweilig werden, aber auch nicht zu schwierig, überfordernd sein und dadurch frustrieren.

Wie bei einer echten Reise kann also auch hier von der vorgegebenen Route und Reisedauer des Reiseführers abgewichen werden.

Als aus unserer Sicht besonders wichtigen Punkt möchten wir euch zudem Folgendes mit auf eure Reise geben: Ein guter

Trainingsaufbau zeichnet sich NICHT dadurch aus, dass man in jedem Training Schwierigkeiten immer und immer wieder übt. Dadurch verfestigt man die Problematik beim Hund nur (und ggf. auch beim Hundeführer), und im schlimmsten Fall wird der Hund irgendwann die Arbeit verweigern. Hat zum Beispiel ein Team in einem Training Probleme mit einer Verleitspur gezeigt, dann sollten die nächsten ein bis zwei Trails – die Anzahl bemisst sich nach der Schwere der Probleme – KEINE Verleitspur haben; erst die darauffolgenden dürfen wieder eine haben, sie sollte jedoch leicht zu ignorieren sein. Kann das Team diese gut arbeiten, dann kann der nächste Trail eine etwas schwierigere Verleitung enthalten. Hier kann das Team nun wieder leicht gefordert werden, genau in dem Maße, dass es wach arbeitet, jedoch sicher zu einem positiven und freudvollen Ende im Training kommen kann. Dieses System gilt für alle Schwierigkeiten, die zu meistern ihr den Teams beibringen möchtet. Ihr merkt also, dass es wichtig ist, euch die letzten Trainings zu merken, sodass ihr genau wisst, an welcher Aufgabe ihr gerade arbeitet.

Ebenfalls wichtig ist, dass ihr sämtliche Trails nach dem Antrailen in den variablen Anteilen wie Spurlänge, Anzahl und Richtung der Abbieger, Versteckart usw. niemals berechenbar für den Hund macht. Schon bei der zweiten Ähnlichkeit, spätestens bei der dritten, zieht der Hund seine Schlüsse und bildet eine Gewohnheit, aus der er beim vierten Training versuchen wird, die Lösung zu finden. Geht diese dann nicht auf, wird er verunsichert und muss für sich eine neue Logik in der an ihn gestellten Aufgabe suchen.

Häufig sieht man dieses Problem, wenn Trails über mehrere Wochen die gleiche Spurlänge mit einer Versteckperson hinter einer Wandecke hatten. Der Hund fängt dann im Training nach dieser Länge an, hinter jeder Ecke nach einer Versteckperson zu suchen: Aus den vorangegangen Trainingseinheiten hat er die Regel abgeleitet, dass er diese Streckenlänge laufen und dann hinter einer Wandecke finden soll. Auch wenn die Versteckperson noch deutlich weiter entfernt und vielleicht unter einem Busch sitzt, wird er versuchen, die Aufgabe nach der erlernten Regel zu lösen. Wir erkennen daran, dass wir den Hund durch Gewohnheiten vom wirklichen Arbeiten der Spur abgebracht haben. Das ist kein Fehler des Hundes sondern ein Trainerfehler.

Ihr werdet deshalb im beispielhaften Trainingsplan zwar wiederkehrende Aufgaben erkennen, die aufeinander aufbauen, aber niemals in direkt nacheinander folgenden Trainings.

Parallel hierzu sind Themen wie Leinenhandling, Startritual und die Anzeige beim Auffinden der Versteckperson sowie das Erkennen der Körpersprache des Hundes Schritt für Schritt zu üben. Hier wiederum ist eine Regelmäßigkeit erwünscht, , da wir das Verhalten etablieren und fördern möchten.

Wir erklären die verschiedenen Ausbildungsschritte, die dafür erforderlich sind.

Die Begriffe, die wir hierbei verwenden, findet ihr im Kapitel »Definitionen« dieses Buches genauer erklärt!

Zusammen mit euch gehen wir im Trainingsplan die einzelnen Schritte durch die verschiedenen Etappen unserer Ausbildungsreise, vom Antrailen, durch die ersten Richtungsentscheidungen, über alte Spuren hinweg und »unter neuen Verleitungen hindurch« bis wir ans Ziel der 1. Dimension kommen: Das Team trailt ca. 350 m Strecke durch ein ruhiges Wohngebiet, sicher der Nase des Hundes folgend, unbeeindruckt von anderen Spuren, in einer zufriedenen, motivierten, kraftvollen Freude.

Erste Etappe: Antrailen – Wir beginnen unsere gemeinsame Reise

■ **Lernziel:**

- Antrailen
- Verknüpfung Geruch-Spur-Person,
- Spurlänge bis zu 10 m

■ **1. Trainingstag** (3–5 Trails)

Unsere gemeinsame Reise beginnt mit dem Antrailen. Hiermit beginnt alles, und deshalb kann es gar nicht genau genug betrachtet werden. Denkt daran: Wir starten mit Freude.

Geruch
Als Geruch verwenden wir ein Kleidungsstück der Versteckperson, das sie gerade noch getragen hat. Dieses wird am Start genau auf die Spur gelegt.

Spur-Legetechnik
Wir beginnen wie bei allen Dingen, die wir neu einüben, mit einer ganz einfachen Aufgabe. Die Spur ist deshalb sehr kurz gewählt. Die Versteckperson geht wenige Meter, je nach Alter und Fitness des Hundes vielleicht nur zwei oder drei Meter, direkt an einer Hauswand oder an einem Mäuerchen entlang, biegt rechts um die Ecke, und hockt oder stellt sich hier ruhig hin.

Dichte Hecken mit einem Zaun darin sind ebenfalls halbwegs geeignet (Möglichkeit der Ablenkung durch Tiere in der Hecke!). Offene lichte Hecken können zu Schwierigkeiten führen, wenn der Hund sich hindurchzwängen möchte und dadurch eventuell zu sehr von der Spur abgelenkt wird.

Sitzt dies, wechseln wir die Seite und finden nicht mehr rechtsherum sondern linksherum. Sitzt dies auch, verlängern wir die Strecke vor der Ecke. Dies ist für das erste Training bereits ausreichend.

Gut geeignet sind hierfür öffentlich zugängliche, aber sehr ruhige Bereiche wie zum Beispiel Schulgebäude am Abend, Museen oder ähnliches.

Trainerspur
Der Trainer bleibt weit von der Spur entfernt, sodass garantiert ist, dass der Hund bei der Verknüpfung Geruch-Spur-Person nicht die Trainerspur/den -geruch mit aufnimmt.

Gesprächspartner Mensch
Dem Hund wird das Suchgeschirr angezogen, die Leine ist am Halsband befestigt. Der Mensch führt den Hund bis auf ungefähr zwei Meter an den Geruchsgegenstand heran, klinkt den Hund vom Halsband in das Suchgeschirr um und lässt den Hund den Geruch entdecken. Dabei geht der Mensch hinter dem Hund, mit dem Bauchnabel immer in Richtung des Hundes. Er lässt dem Hund hierbei alle Zeit, die er benötigt, um die Spur zu entdecken.

Leinenhandling
In der ersten Stufe des Leinenhandlings wird das sortierte Aufnehmen der Leine sowie das Gehen hinter dem Hund mit einer ungefähren Leinenlänge von zwei bis drei Metern eingeübt.

Gesprächspartner Hund
Der Hund darf nun über das entdeckende Lernen das Kleidungsstück wahrnehmen und die anschließende Spur der Versteckperson erkunden und verfolgen.

Wir beobachten gemeinsam: welche Körpersprache sehen wir? Wie interessiert ist der

1. Trainingstag

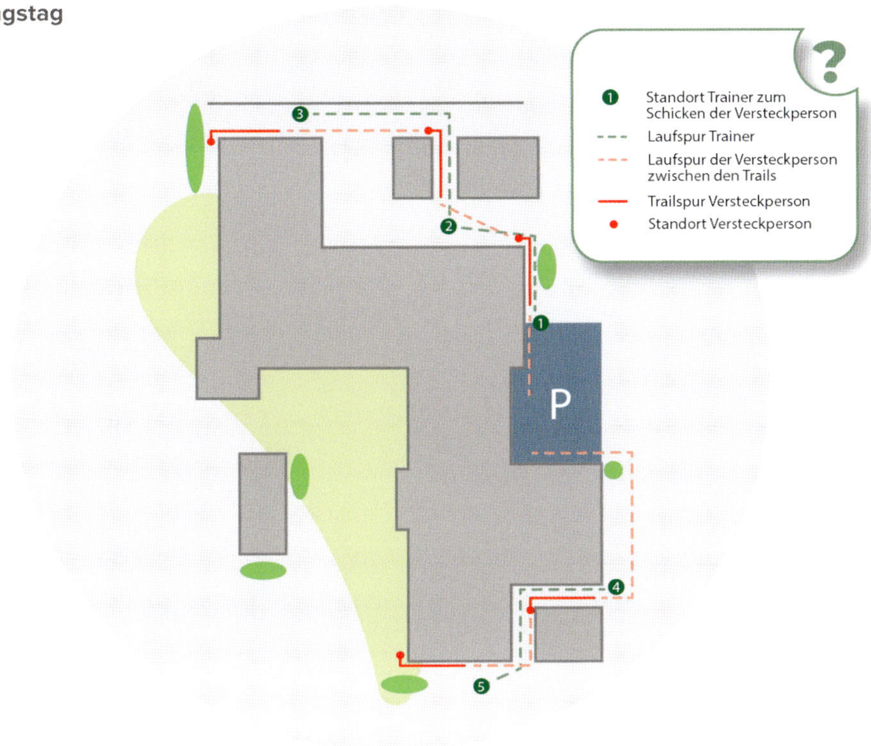

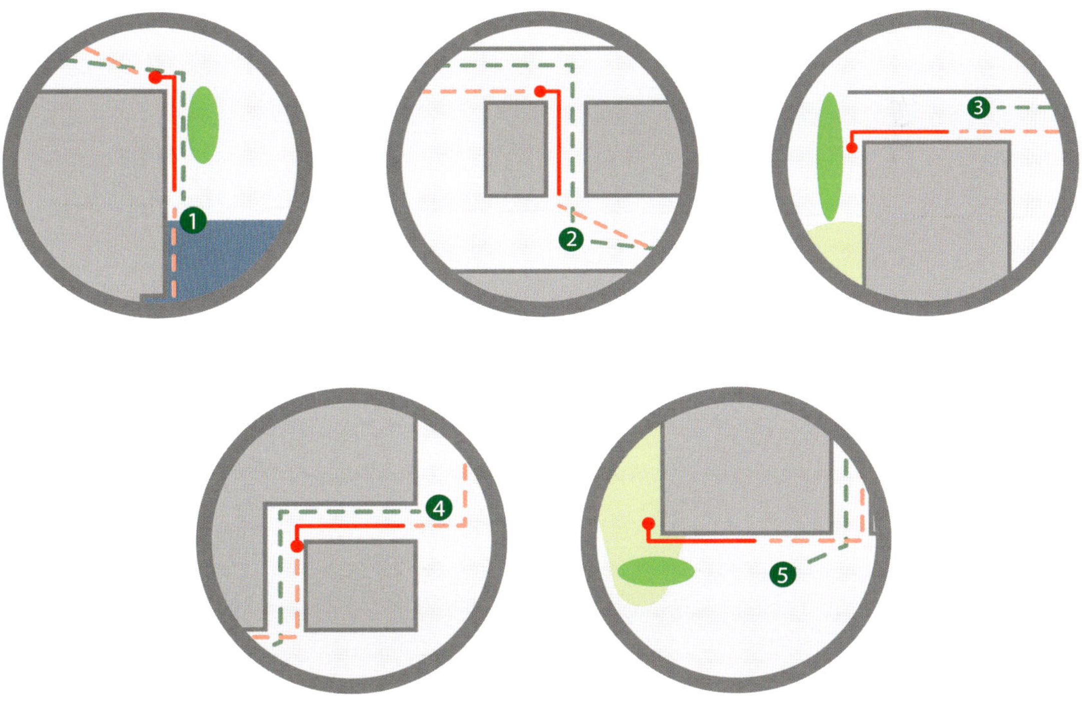

Hund, wie riecht er? Trägt er seine Nase hoch oder am Boden? Rennt er los oder denkt er lange? Der Hund ist noch vollkommen roh und zeigt sich noch in seiner absoluten Natürlichkeit. Wie geht er an diese Aufgabenstellung heran? Gerade in diesem ersten Training werdet ihr sehr viel über die Suchweise des Hundes lernen können.

Zwischen den Trails kommt der Hund zum Ausruhen und Nachdenken ins Auto. So kann er das Gelernte verarbeiten und frisch in die nächste Aufgabe starten.

Zwiegespräch
Beide Teampartner erleben das Abenteuer gemeinsam. Der Mensch zeigt seinem Hund, dass er bei ihm ist, mitkommt und sich am Ende mit ihm freut.

Ankommen bei der Versteckperson und Belohnung
Die Belohnung wird direkt von der Versteckperson (VP) hingehalten, sodass der Hund es sofort sieht und als Ziel der Übung annehmen kann. Bei ängstlichen Hunden kann die Belohnung auch von der VP auf den Boden gelegt werden und sie tritt ein Stück zurück. Der Hundeführer kann den Hund an die Belohnung heranführen.

Die VP muss sich so verhalten, dass es für den Hund angenehm ist und die Belohnung für ihn als angenehm und lohnend empfunden wird. Wie belohnt wird, muss vor der Übung unbedingt mit der VP abgesprochen werden!

Die VP sitzt, hockt oder steht hinter einer Ecke. Der Abstand zur Ecke soll relativ kurz sein, sodass der Hund nicht »auf Sicht« finden kann.

Bei ängstlichen Hunden darf es etwas mehr Abstand sein, um kein Erschrecken zu erzeugen. Wir wählen meistens 2 Schritte hinter der Ecke.

Zweite Etappe: Wir gehen die ersten Schritte in die Welt

■ **Lernziel:**

- Gelerntes festigen,
- erste Schritte in die Welt,
- Geruch auf Glas switchen,
- Spurlänge bis zu 50 m

■ **2.–4. Trainingstag** (mit jeweils 2–3 Trails)

Die ersten Schritte in die Welt: Sie sind noch etwas unsicher und deshalb ist es gut, etwas häufiger zu trainieren. Mit der Sicherheit kann die Freude über das Gelingen wachsen.

Geruch
Für die ersten Trainings nutzen wir noch Kleidungsstücke als Geruch, die am Start auf der Spur liegen. Training für Training lassen wir diese Gegenstände kleiner werden und wechseln schließlich auf einen Gegenstand in einem noch recht großen Glas.

Spur-Legetechnik
In den nächsten Trainings wird die Strecke vor der Ecke immer etwas länger, vielleicht schlängelt sich der Weg auch schon zusätzlich einmal ein wenig. Es gibt jedoch noch keine Abbieger oder Kreuzungen, die ausgearbeitet werden müssen, auch liegen auf unserem Weg keine größeren Flächen oder Plätze. Der Weg der Versteckperson wird so gelegt, dass der Hund ihr automatisch folgen möchte.

Ziel beim Legen sind sichere, fließende Trails, die der Hund sicher gut laufen kann. Entweder befinden wir uns in einem ähnlichen Gebiet wie zu Beginn oder in

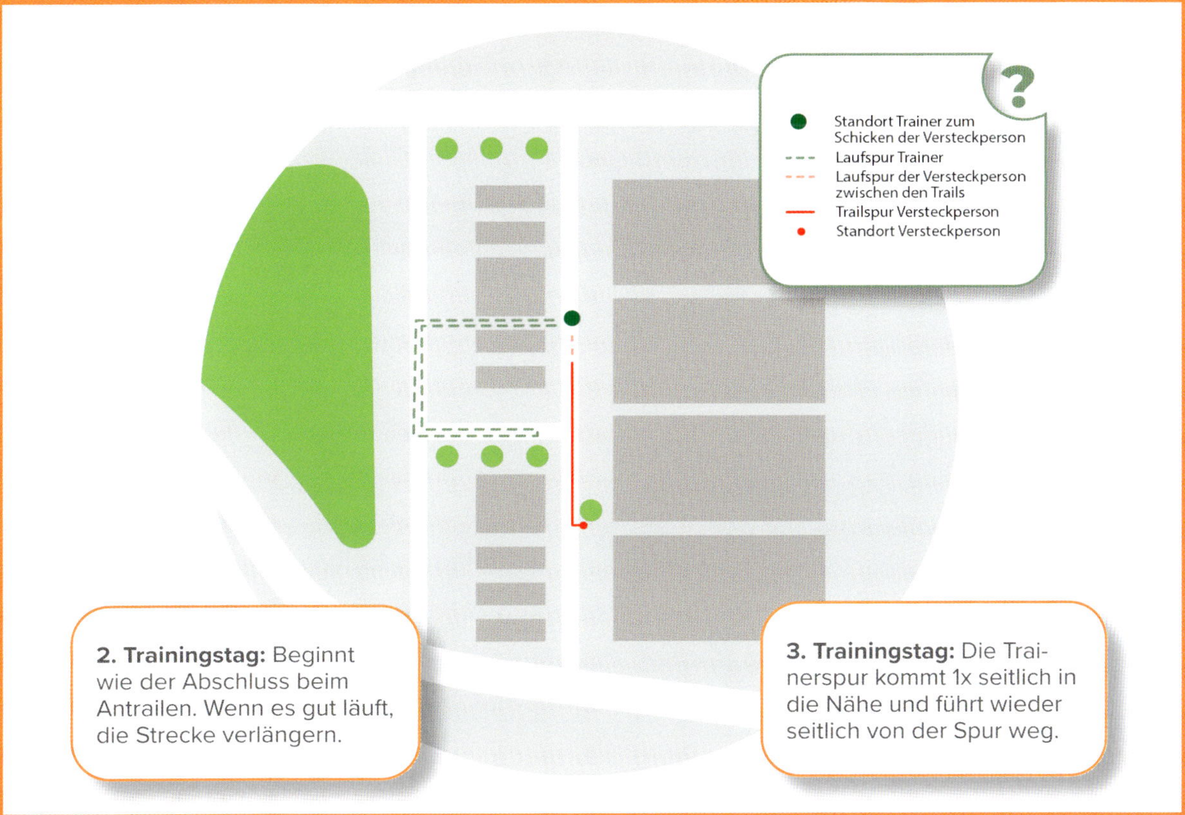

2. Trainingstag: Beginnt wie der Abschluss beim Antrailen. Wenn es gut läuft, die Strecke verlängern.

3. Trainingstag: Die Trainerspur kommt 1x seitlich in die Nähe und führt wieder seitlich von der Spur weg.

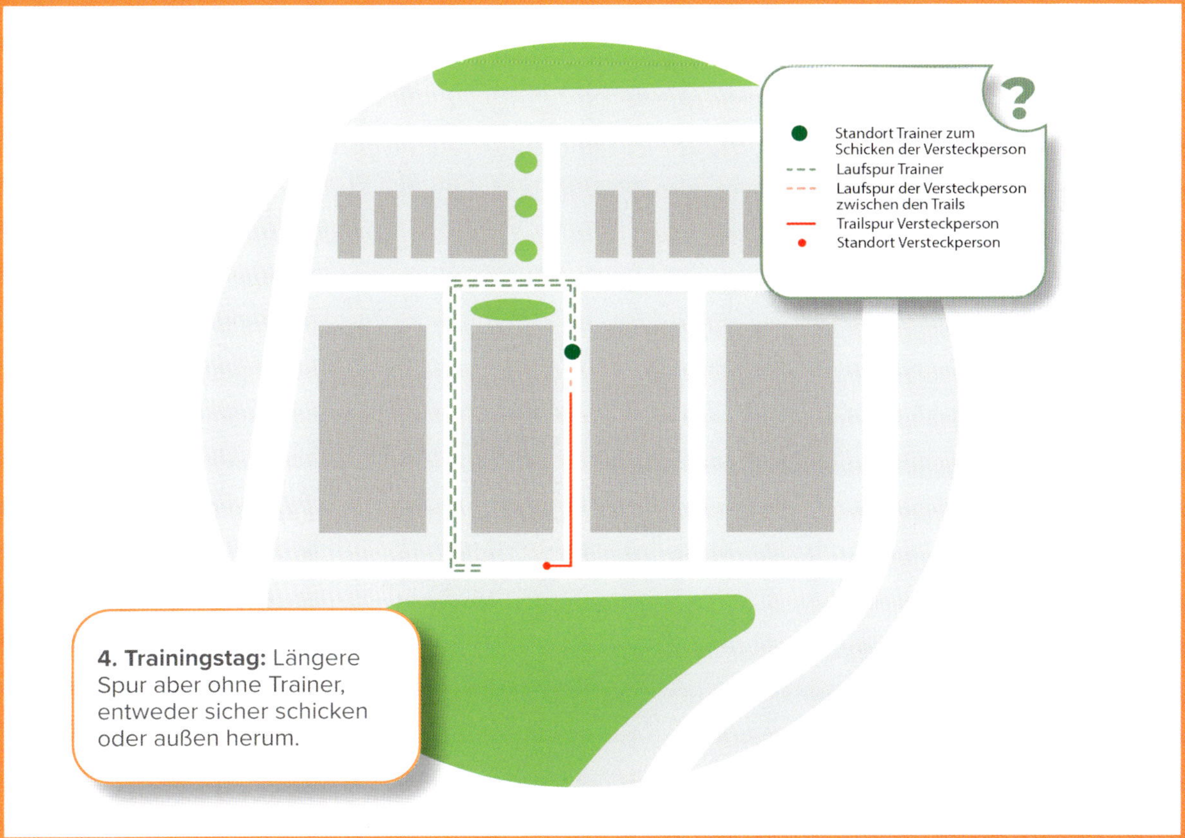

4. Trainingstag: Längere Spur aber ohne Trainer, entweder sicher schicken oder außen herum.

Siedlungen mit großen Mehrfamilienhäusern mit geeigneten Hauswänden, Heckenführungen, seitlich begrenzten Rad- und Wanderwegen, kleinen »Patts«, die es dem Hund leicht machen, dem Weg zu folgen.

Trainerspur
Auch hier verzichtet der Trainer noch ganz bewusst darauf, in die Nähe der Spur zu gehen und schickt auf Entfernung. Die Trails sind so gewählt, dass dies sicher möglich ist. Am dritten Trainingstag bauen wir die Trainerspur in der Nähe der Geruchsspur ein, sodass der Hund sie kurz am Rande wahrnehmen kann.

Gesprächspartner Mensch
Der Hundeführer wird angeleitet, wie ein Waggon hinter der Lok hinter dem Hund zu gehen. Er soll in der Spur des Hundes bleiben.

Leinenhandling
In der zweiten Stufe des Leinenhandlings wird das Anpassen der Leinenlänge geübt. Es geht darum, mit der Leinenlänge zu spielen, ohne den Hund dabei durch Rucken an der Leine zu behindern.

Gesprächspartner Hund
Welche Körpersprache sehen wir? Wie beim Antrailen, gerne flüssiger mit mehr Lauffreude nach vorn. Suchmotivation ist ausgeprägter. Vielleicht beginnt der Hund bereits, deutlich die Führung zu übernehmen.

Der Hund kommt zwischen den Trails wieder zum Ausruhen und Nachdenken sowie Festigen des Erlernten ins Auto.

Zwiegespräch
Wir beginnen, uns mehr auf das Lauftempo des Hundes einzustellen und mit der Leine die unterschiedlichen Abstände auszugleichen. Wir fühlen jetzt bewusst, wenn der Hund deutlich nach vorne möchte.

Ankommen bei der Versteckperson und Belohnung
Wie beim Antrailen: Ziel ist, dass der Hund die Belohnung gerne von der Versteckperson annimmt.

Dritte Etappe: Wir verlassen alte Spuren

■ **Lernziel:**

- **Alte Spuren verlassen,**
- Trainerspur ignorieren,
- erste Abbieger,
- Spurlänge bis zu 100 m

■ **5.–10. Trainingstag** (mit 1–2 Trails)

Wir trennen uns von alten Spuren und gehen neue Wege, so wird unsere Reise spannend, und das Kribbeln kommt zur Freude dazu.

Geruch
Wir können nun allmählich auf normale »Marmeladengläser« mit einer Geruchsprobe darin umsteigen. Wichtig ist hierbei, dass wir die Gläser jedes Mal (bei jedem Trail) wechseln, damit keine Irritationen entstehen. Am besten nutzen wir diese nur ein Mal oder lassen sie eine Woche in der Spülmaschine stehen, sodass sie sehr gründlich gewaschen werden. Der Geruch darf gerne noch relativ intensiv sein, ein Papiertaschentuch, das am Körper getragen wurde, hat sich hier gut bewährt.

Spur-Legetechnik
In diesen Trainings finden wir vielleicht ein kurzes Stück einer schmalen und ruhigen Straße, die am Ende automatisch in einen Trampelpfad mündet, sodass wir hier einen Übergang einbauen können.

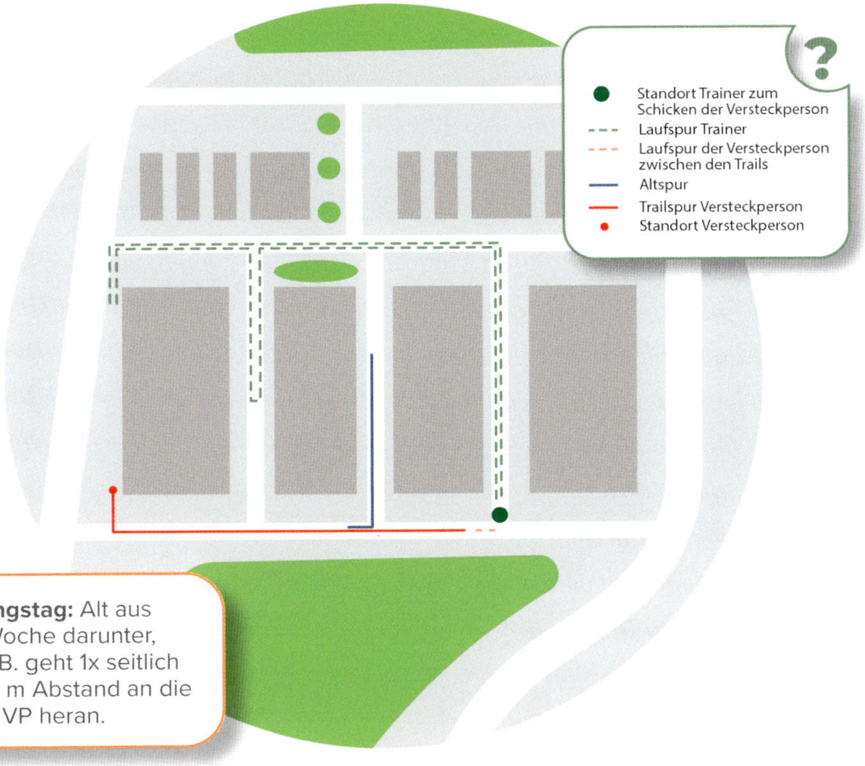

5. Trainingstag: Alt aus voriger Woche darunter, Trainer z.B. geht 1x seitlich mit ca. 10 m Abstand an die Spur der VP heran.

6. Trainingstag: Alt aus dem aktuellen Training kreuzen, Trainerspur führt außen herum.

7. Trainingstag: Kein frisches Alt drunter (vielleicht von voriger Woche), Trainerspur geht 1x ran und wieder weg.

8. Trainingstag: Start auf frisch, dann kurzes Stück alt aus aktuellem Training mit drunter, dann Ende auf frisch, Trainerspur außen herum.

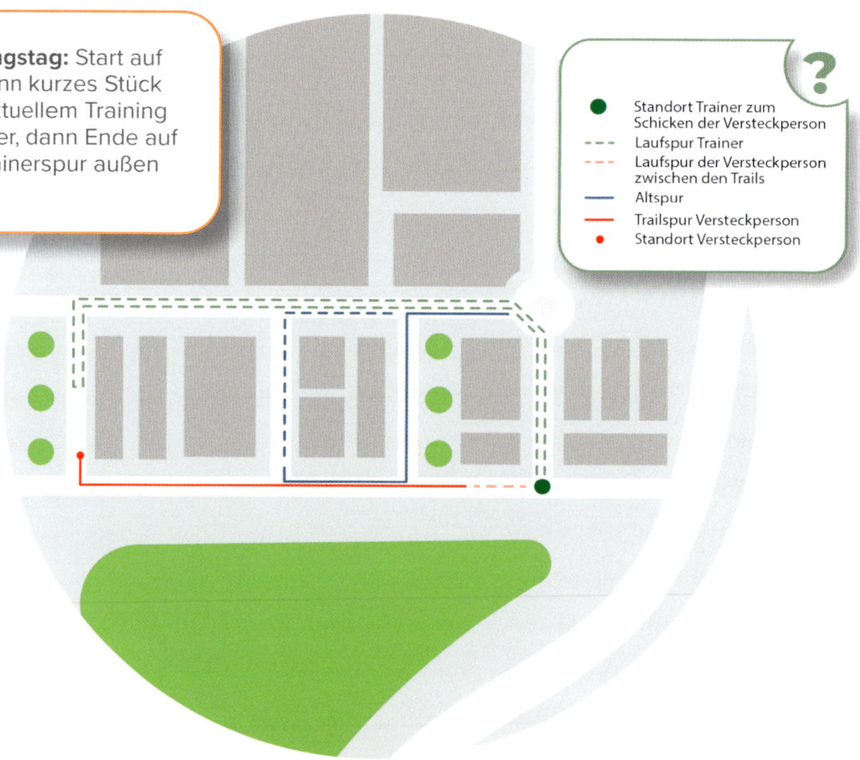

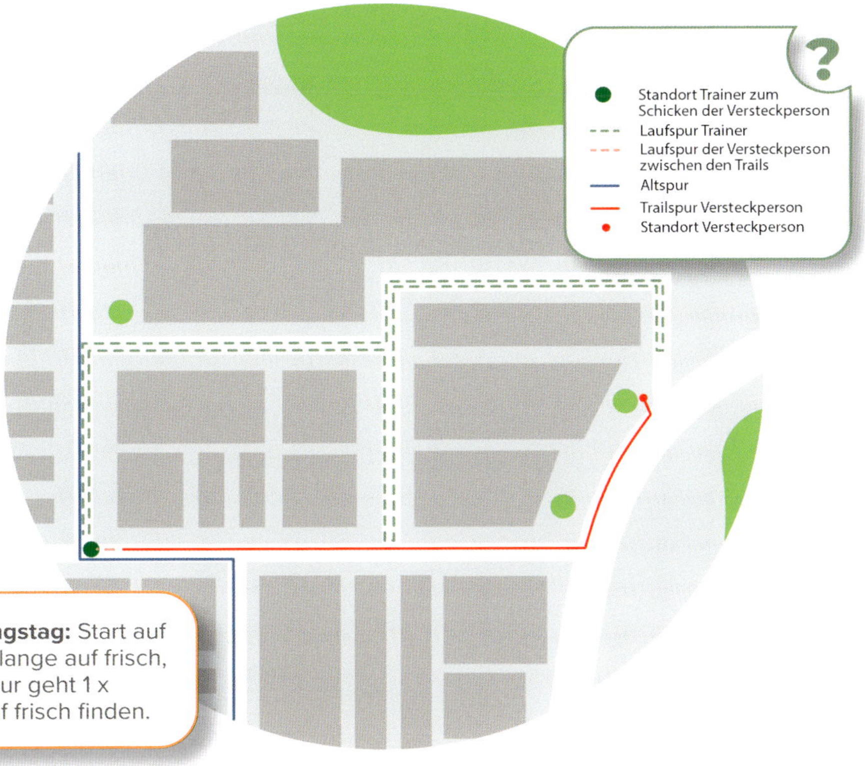

9. Trainingstag: Start auf alt, dann lange auf frisch, Trainerspur geht 1 x heran, auf frisch finden.

10. Trainingstag: Ganz ohne alte Spuren und ohne Trainerspur.

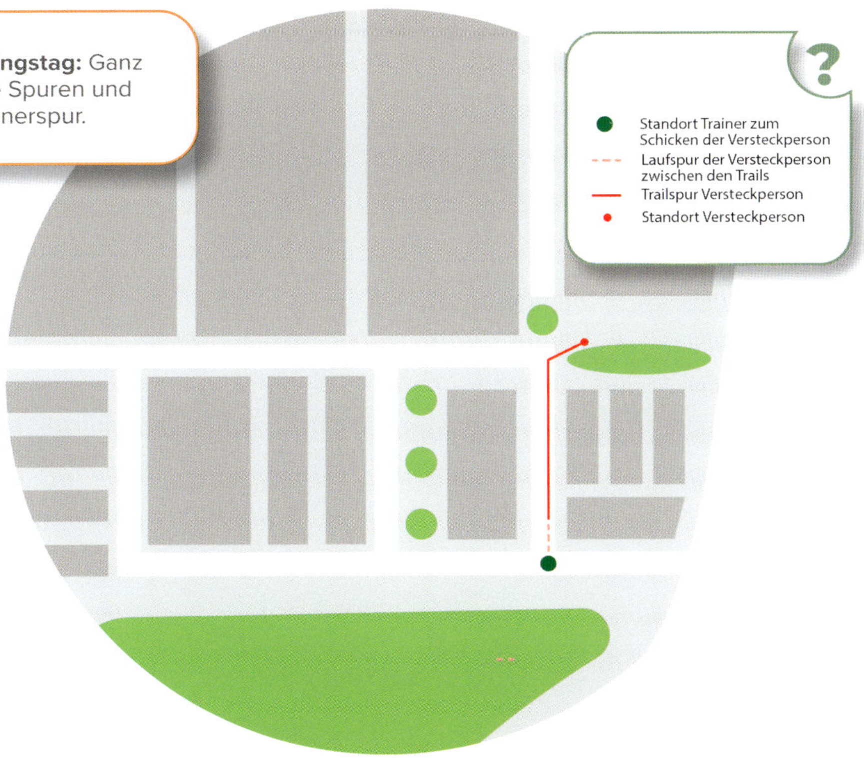

Der Hund ignoriert während der Suche Verleit- und Trainerspuren und folgt nur der Spur der Versteckperson.

Schön sind auch Reihenhaussiedlungen (oder Schrebergärten). Zwischen den Häuser- und Gartenreihen führen die Fußwege entlang. Hier sind problemlos bis zu 40 m Wegstrecke möglich, die als Aufgabenstellung die Hauseingänge haben: Der Hund kann sie sich anschauen, jedoch nicht falsch abbiegen. Am Ende des Ganges verbirgt sich die Versteckperson direkt hinter der Ecke.

Achtet in dieser Phase darauf, dass die gesuchte Person abwechselnd links und rechts versteckt ist.

Außerdem beginnen wir, mal eine kleine T-Kreuzung mit in den Trail einzubauen. Die Spur soll so gelegt sein, dass der Hund auch hier automatisch die richtige Richtung wählen möchte. Wir befinden uns im Aufbau und im Erarbeiten von Kreuzungen. Er soll eigenständig die richtige Wahl treffen können. Schaut euch das Gebiet an und fühlt, welche Richtung er wählen wird. Wir legen auch hier sichere, fließende Trails, die nur gut laufen können.

Trainerspur
Der Trainer geht an die Spur heran, außen herum oder schickt, je nach Aufgabenstellung. Denkt daran, dass die Trainerspur, wenn vorhanden, grundsätzlich die unbequemere sein soll.

Gesprächspartner Mensch
Der Hundeführer lernt jetzt das Abkürzen in 90°-Kurven.

Leinenhandling
In der dritten Stufe beginnt der Hundeführer mit dem ständigen Dialog, indem er mit der Leinenlänge spielt.

Gesprächspartner Hund
Jetzt möchten wir das motivierte, freudvolle Suchen sehen. Ein Hund sollte hier schon die Führung übernehmen und deutlich in Richtung der Spur arbeiten können. Er zeigt an, wenn er die Spur verloren hat.

Der Hund kommt zwischen den Trails wieder zum Ausruhen und Nachdenken ins Auto.

Zwiegespräch
Wir sind jetzt über die Leine im Dialog mit dem Hund und nehmen neben dem unterschiedlichen Tempo auch die Richtungsentscheidungen bewusster wahr.

Ankommen bei der Versteckperson und Belohnung
Jetzt fangen wir an, die Belohnung nicht mehr direkt sichtbar zu halten. Der Hund soll sich inzwischen aufs Finden der Person freuen und bietet vielleicht schon ein Vorsitzen an. Er bekommt dann die Belohnung gereicht. Die VP kann auch schonmal auf dem Boden sitzen oder etwas abgewandter stehen, sodass sich beim Hund kein festes Opferbild einprägt. Wir achten auch auf wechselnde VP.

Vierte Etappe: Wir ignorieren kleine Verleitungen

Lernziel:

- Kleine Verleitungen ignorieren,
- 2–3 Abbieger,
- Spurlänge bis zu 200 m

11.–20. Trainingstag

Wir lernen, uns nicht verleiten zu lassen und unseren Weg zu gehen, denn nur so können wir unser Ziel erreichen. Damit werden wir mit wachsender Freude sicher in unserem Handeln.

Geruch
Wie zuvor.

Spur-Legetechnik
Wir erweitern die Aufgabe etwas: Vielleicht ziehen wir in kleine Wohnstraßen und wählen längere Straßen ohne Seitenstraßen, sodass die Hofeinfahrten vom Hund wahrgenommen und ausgearbeitet werden können, ohne sich zum falschen Abbiegen verleiten zu lassen. Oder wir legen im Reihenhausgebiet einen ersten Abbieger.

Bei etwas mehr Wind gehen wir vorsichtiger vor, bei weniger Wind und ruhigem Gebiet können wir etwas mutiger sein. Zwischendurch werden immer wieder die vorhergehenden Aufgabenstellungen eingebaut.

Vielleicht könnt ihr auch schon eine Spur mit Abbieger und T-Kreuzung wagen. Achtet darauf, dass die Spur auf der Strecke verläuft, die der Hund am liebsten laufen möchte und dass die Person kurz hinter dem Abbieger oder der T-Kreuzung steht, damit es noch nicht zu schwierig wird.

Wenn es richtig gut läuft im Training, können wir in dieser Phase eine kleine Sackgasse suchen, in die der Trail bis zum Ende hinein und wieder herausführt, um bald darauf zu enden. 2–3 Trainings später legen wir eine Sackgasse, in die der Trail nur halb hinein und wieder herausführt.

Da durch den kürzeren Weg in die Sackgasse hinein und hinaus am Anfang der Straße der Zeitunterschied zwischen der Spur hinein und wieder heraus geringer ist, wird es für den Hund schwieriger diese Stelle zu arbeiten als bei langen Strecken in die Sackgasse, die vorne zu einem großen und somit deutlichen Zeitunterscheid führen.

Außerdem kann das Team, wenn es in die Sackgasse hinein trailt, das Ende der Spur mitten in der Straße erarbeiten. Es gibt Hunde, die direkt am Anfang der Sackgasse abkürzen, andere laufen bis zum Ende der Spur und wenden, wieder andere werden bis an das Ende der Straße laufen und hier erst wenden.

Trails in eine Himmelrichtung, damit die Witterung klar ist. Wir meiden Flüsse und Seen, die eine zusätzliche Schwierigkeiten darstellen.

Trainerspur
Der Trainer kreuzt nun die Spur der Versteckperson oder geht Teilstrecken mit, geht außen herum oder schickt. Je nach Aufgabenstellung, Gebiet oder Versteckperson, sind verschiedene Varianten sinnvoll. Denkt auch hier daran, dass die Trainerspur, wenn sie vorhanden ist, grundsätzlich die unbequemere sein soll. Deshalb muss die Trainerspur, wenn sie an der Sackgasse vorhanden ist, immer in Sackgassen mit hineingehen und vor allem muss sie auch mindestens so weit mitgehen wie die Spur der Versteckperson, damit sie unbequemer ist!

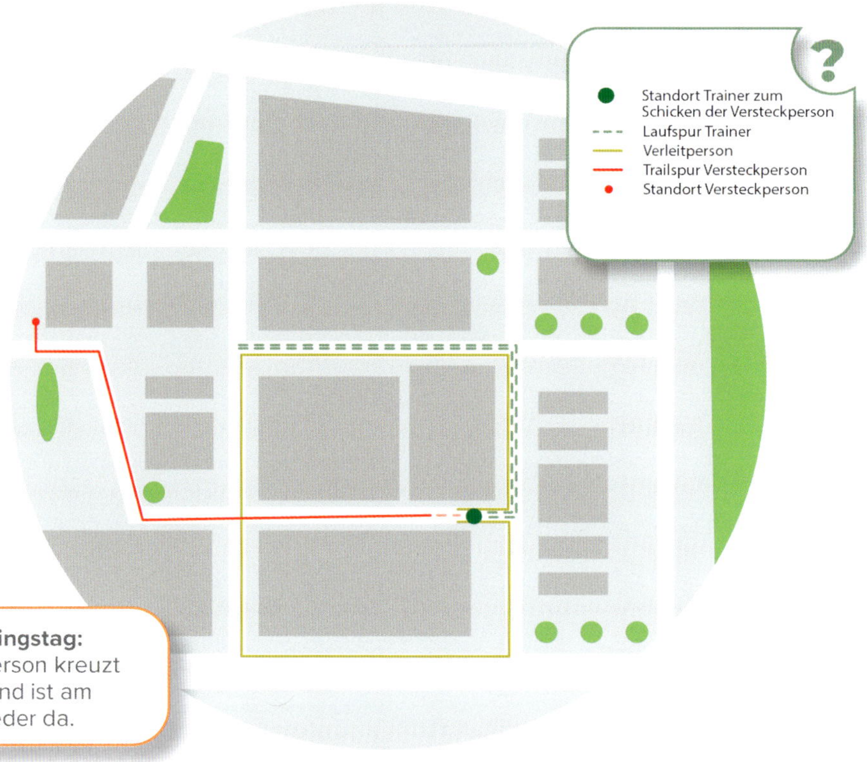

11. Trainingstag: Verleitperson kreuzt drüber und ist am Start wieder da.

12. Trainingstag: Alt von voriger Woche drunter.

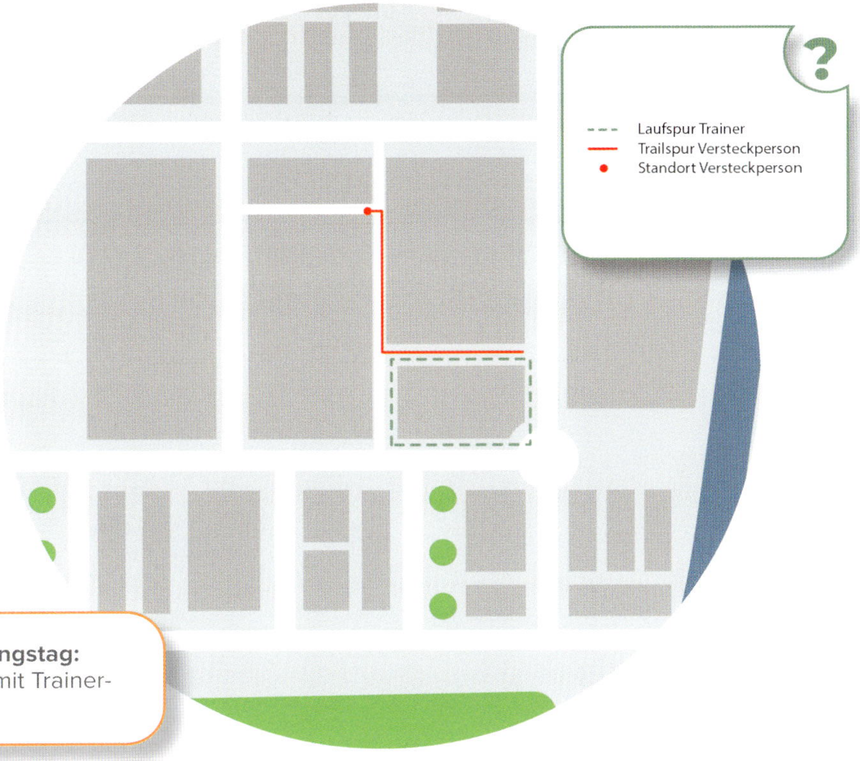

13. Trainingstag: Splitting mit Trainerspur.

14. Trainingstag: Alt aus aktuellem Training drunter, Trainerspur 2 x drüber.

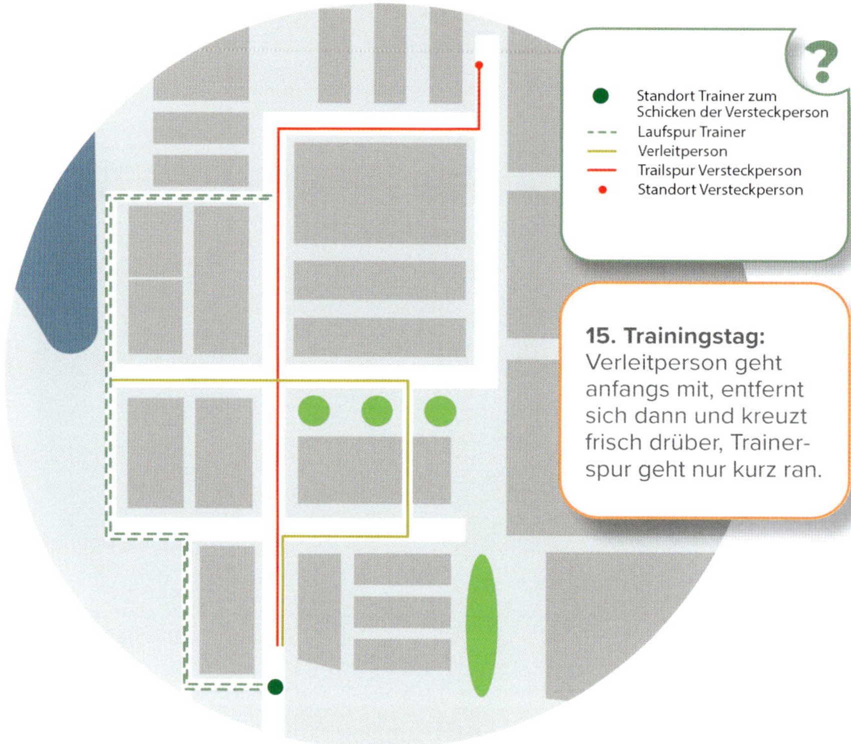

15. Trainingstag:
Verleitperson geht anfangs mit, entfernt sich dann und kreuzt frisch drüber, Trainerspur geht nur kurz ran.

16. Trainingstag:
Ganz ohne alte Spuren und ohne Trainerspur.

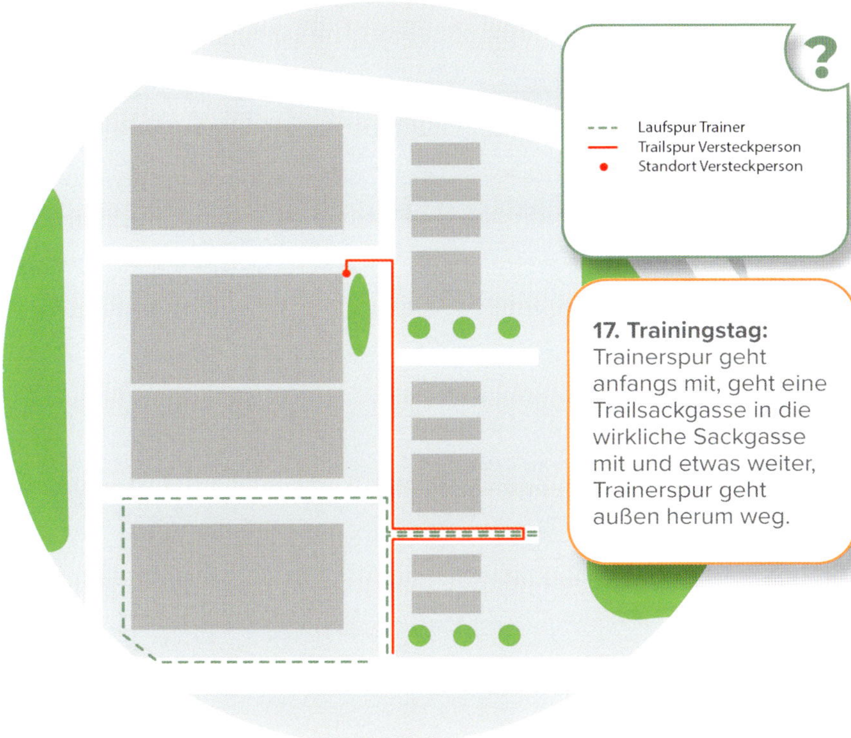

17. Trainingstag: Trainerspur geht anfangs mit, geht eine Trailsackgasse in die wirkliche Sackgasse mit und etwas weiter, Trainerspur geht außen herum weg.

18. Trainingstag: Verleitperson mit Trainerspur kreuzt 2 x drüber.

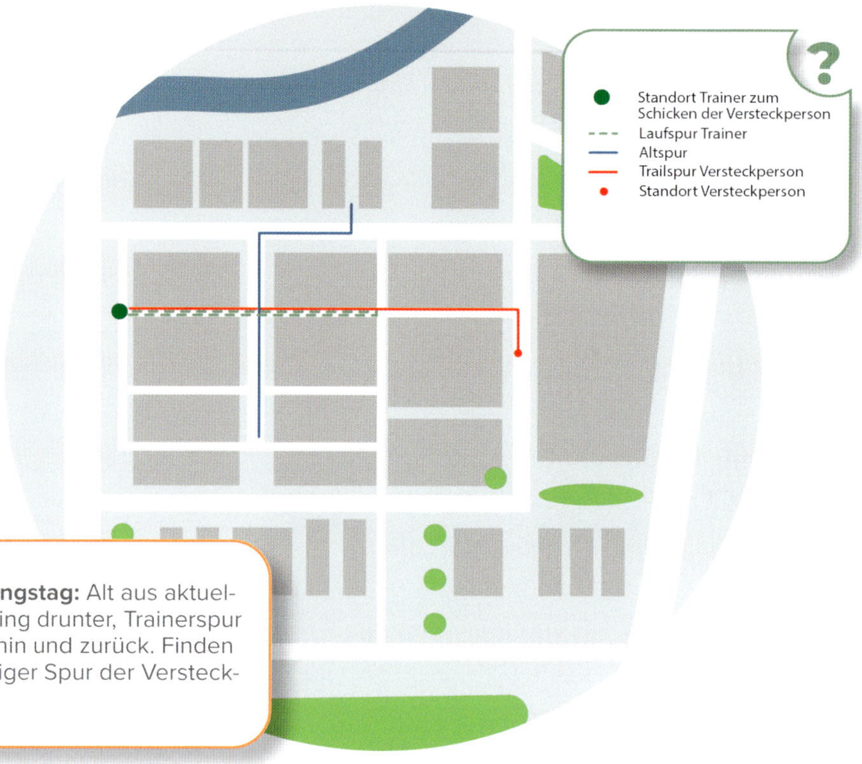

19. Trainingstag: Alt aus aktuellem Training drunter, Trainerspur geht mit hin und zurück. Finden auf alleiniger Spur der Versteckperson.

20. Trainingstag: Trainerspur anfangs außen herum, geht dann mit Versteckperson in eine Trailsackgasse und gemeinsam mit ihr heraus, anschließend ein Stück auf dem Trail mit, bevor die Trainerspur außen herum weggeht.

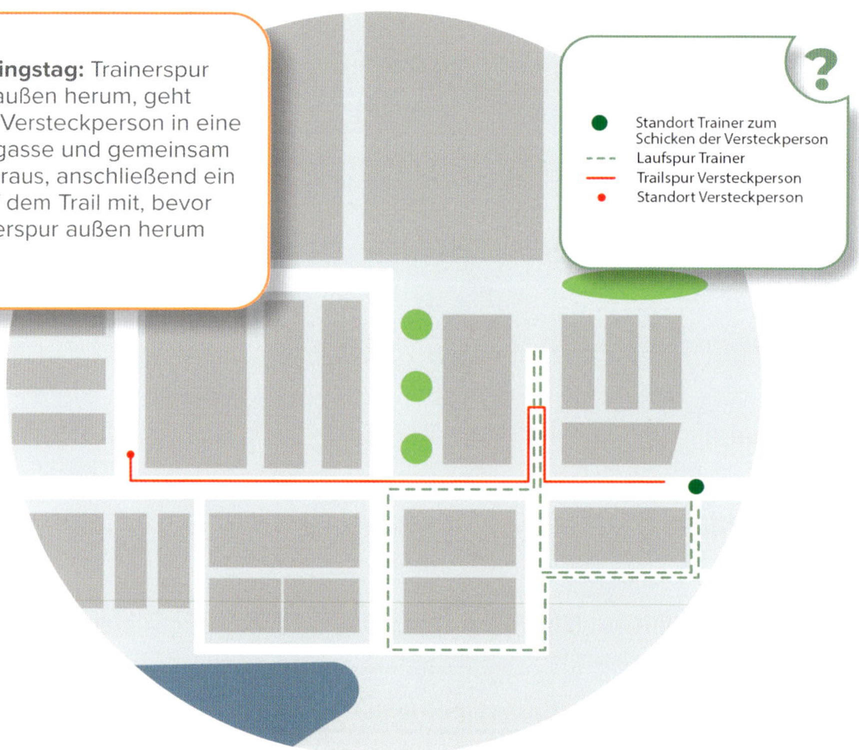

Verleitungen
Um es für den Hund anfangs leicht zu gestalten, ist die Verleitperson eine Person, die er weniger interessant findet als die Versteckperson. So kann die Versteckperson zum Beispiel eine aus dem Training bekannte Person und die Verleitung jemand Fremdes sein.

Oder die Verleitung ist aus dem Training bekannt, die Versteckperson jedoch ein Familienmitglied des Hundes.

Gesprächspartner Mensch
Der Hundeführer vertieft sein Können. Er lernt weiter flüssig mitzugehen, sich vor Abbiegern einzuordnen und Kurven abzukürzen. Er übt in guter Körperhaltung entspannt mitzugehen.

Leinenhandling
Die vierte Phase des Leinenhandlings, die »Versammlung« vor Entscheidungen wird nun erarbeitet.

Gesprächspartner Hund
Der Hund soll hier deutlich nach vorne arbeitend und sicher in seinem Tun sein. Er ist deutlich zu lesen, wenn er auf der Spur ist.

Die Körpersprache beim Verlassen der Spur ist ebenfalls gut zu erkennen.

Zwiegespräch
Wir lernen, konzentriert zusammen zu arbeiten und Abbieger als Team zu meistern.

Anzeige Versteckperson und Belohnung
Die Versteckperson hält die Belohnung nicht mehr sichtbar. Der Hund kann Vorsitz anzeigen. Als Variation kann der Hundeführer die Belohnung auch selbst mitführen.

Wir fangen an, das »Opferbild« abzuwandeln. Die Versteckperson sitzt, liegt und steht.

Fünfte Etappe: Wir entscheiden uns an Weggabelungen

■ Lernziel:

- Kleine Kreuzungen (T- und Y-Kreuzungen) entscheiden,
- 2–3 kleine Abbieger,
- Größere Verleitungen ignorieren,
- Spurlänge bis zu 300 m

■ 21.–30. Trainingstag

Wir dürfen uns in den ersten kleinen Kreuzungen entscheiden, welchen Weg wir gemeinsam weitergehen wollen. Nun endlich lassen wir uns wirklich von der Freude leiten.

Nur der Abzweig mit der richtigen Spur wird uns die Freude bringen, der es zu folgen gilt.

Geruch
Wie zuvor

Spur-Legetechnik
Der Trail darf jetzt 2 bis 3 einfache Abbieger und T-Kreuzungen sowie die ersten Y-Kreuzungen in einem ruhigen Wohngebiet enthalten.

Damit kommen wir nun auf das Niveau, auf dem ihr auf die Form des Trails achten müsst. Je mehr Abbieger und Kreuzungen sowie schlängelnde Wege ihr einbaut, desto wichtiger wird es, dafür zu sorgen, dass die Hunde nicht in einen Spur-Witterungskonflikt über einen u-förmigen Trailverlauf geraten.

Ihr legt deshalb Trails, die treppenartig aufgebaut sind.

21. Trainingstag: Ganz ohne alte Spuren und ohne Trainerspur drunter.

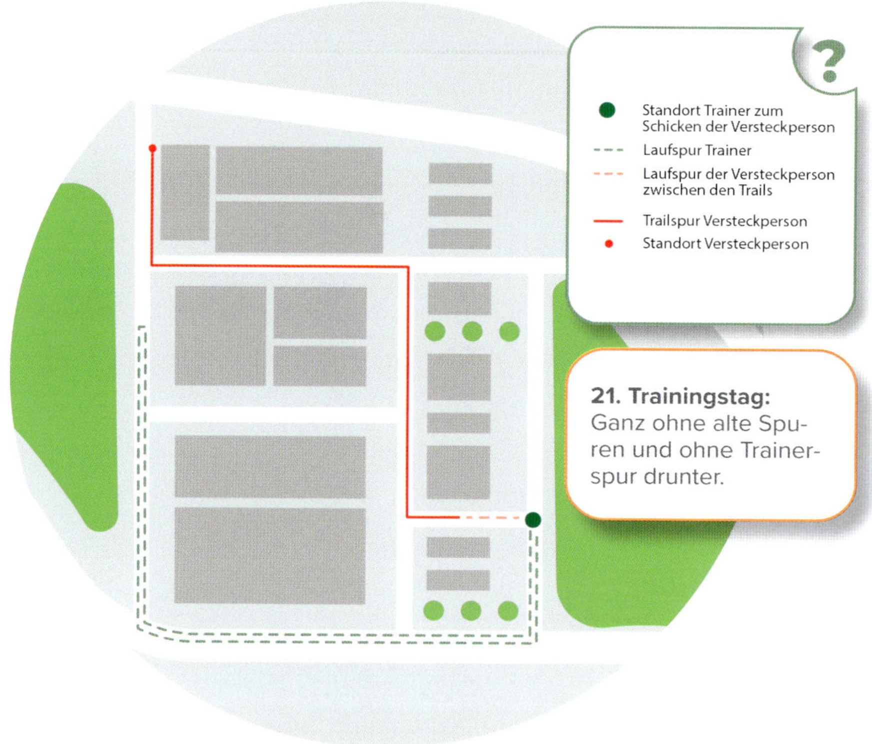

22. Trainingstag: 2 Verleitpersonen kreuzen zusammen drunter und kehren zum Start zurück.

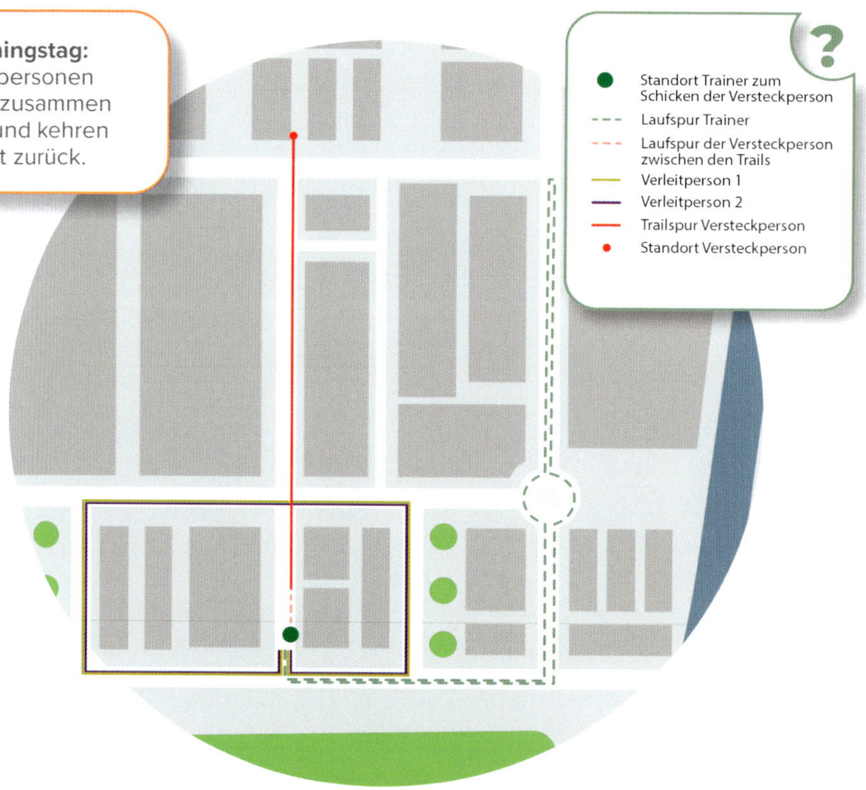

23. Trainingstag: Splitting mit Trainerspur plus einer Verleitperson, Versteckperson geht etwas später.

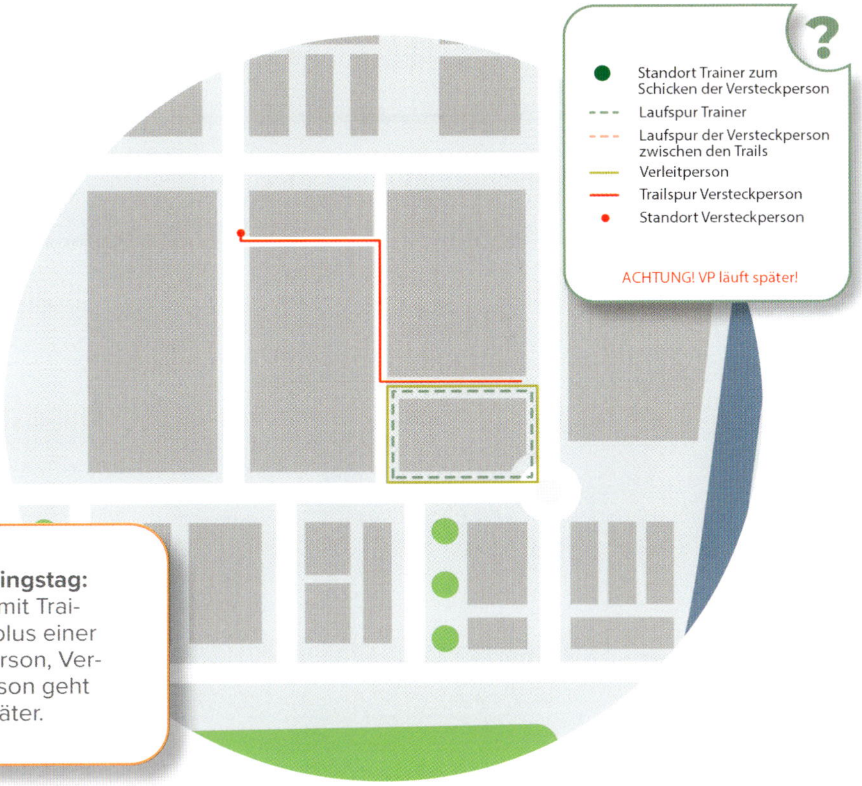

24. Trainingstag: Alt drunter, Trainerspur plus eine Verleitperson 2 x drüber.

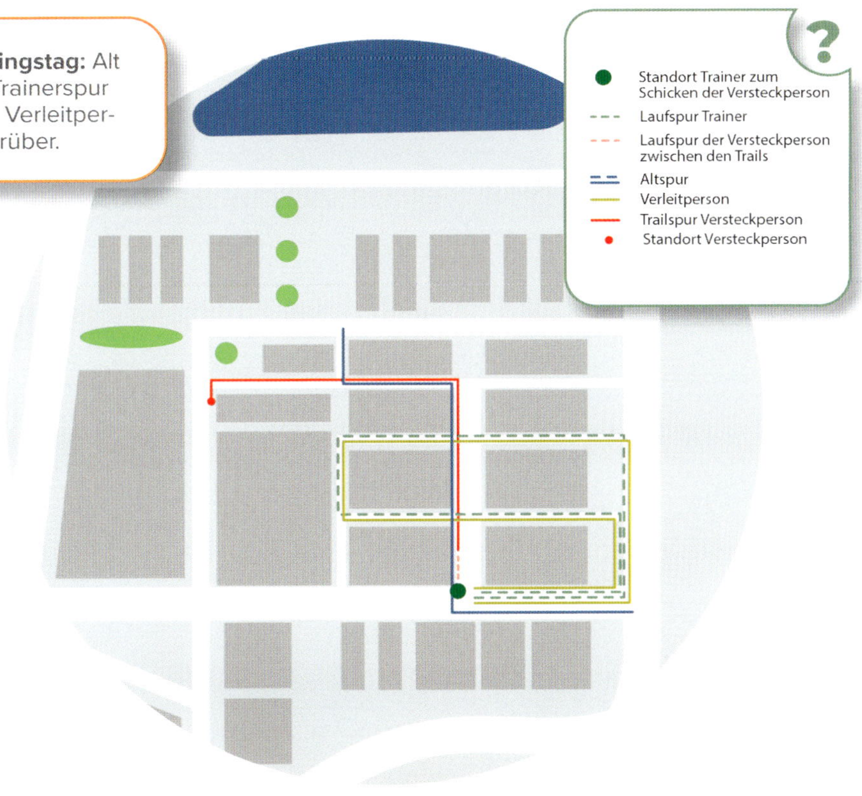

25. Trainingstag:
2 Verleitpersonen gehen anfangs mit, gehen dann weg und kreuzen frisch drüber, Trainerspur geht außen herum.

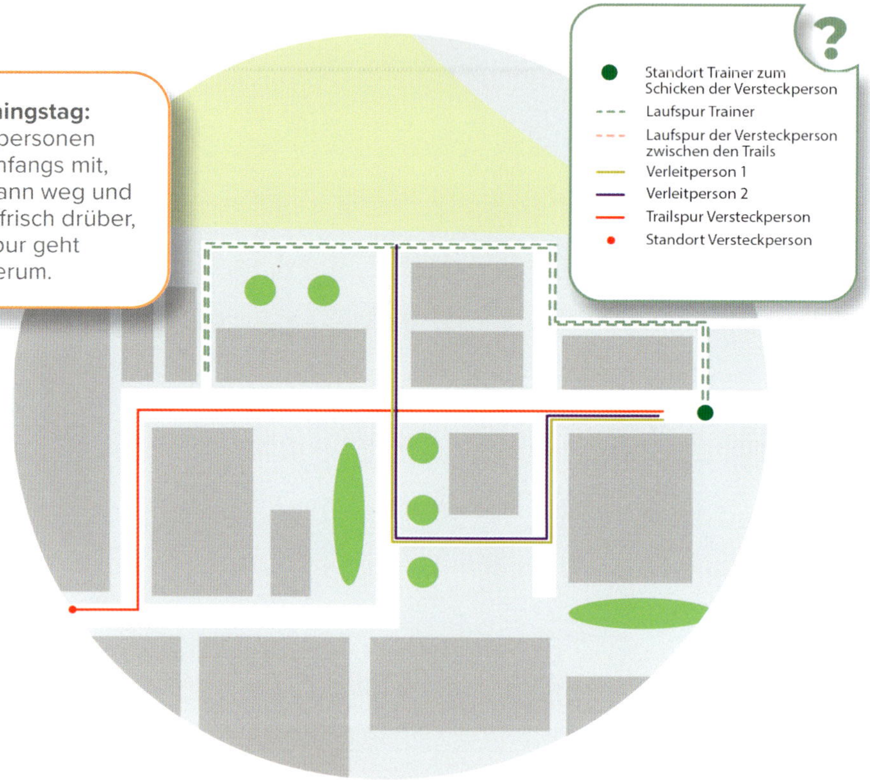

26. Trainingstag:
Ganz ohne alte Spuren und ohne Trainerspur.

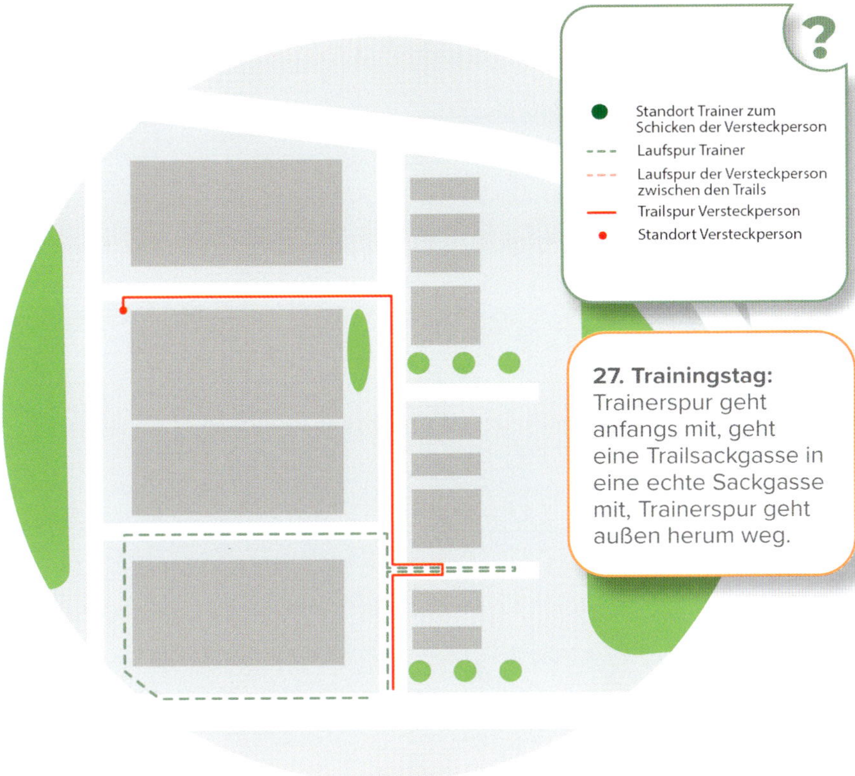

27. Trainingstag:
Trainerspur geht anfangs mit, geht eine Trailsackgasse in eine echte Sackgasse mit, Trainerspur geht außen herum weg.

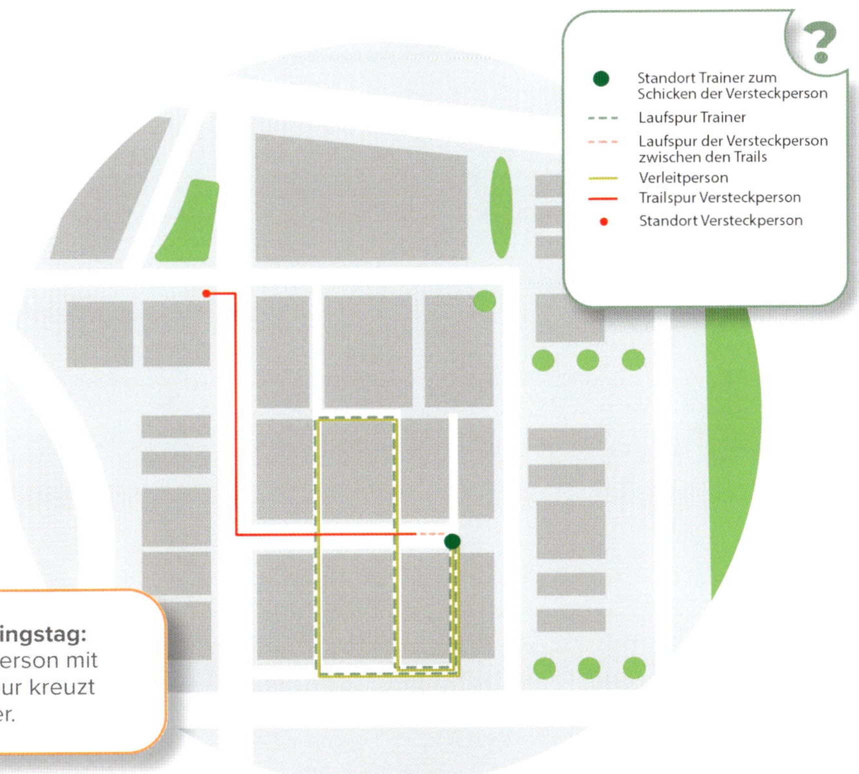

28. Trainingstag:
1 Verleitperson mit Trainerspur kreuzt 2 x drüber.

29. Trainingstag: Alt drunter, Trainerspur geht mit hin und zurück, finden auf alleiniger Spur der Versteckperson.

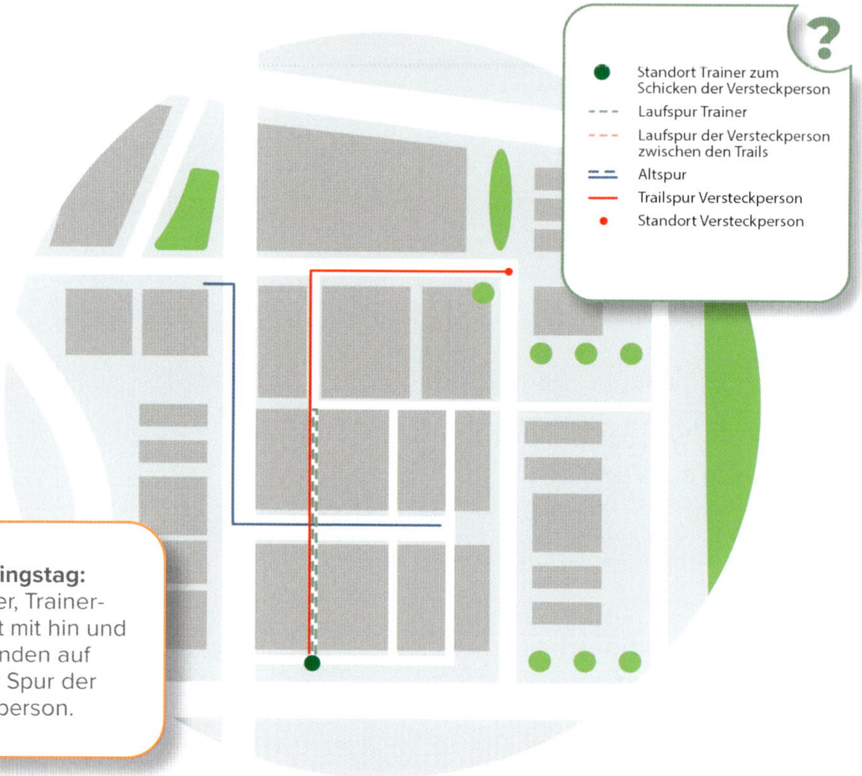

30. Trainingstag: Trainerspur anfangs außen herum, geht dann mit Versteckperson in eine Trailsackgasse und gemeinsam heraus, anschließend ein Stück auf dem Trail mit, Trainerspur geht außen herum weg.

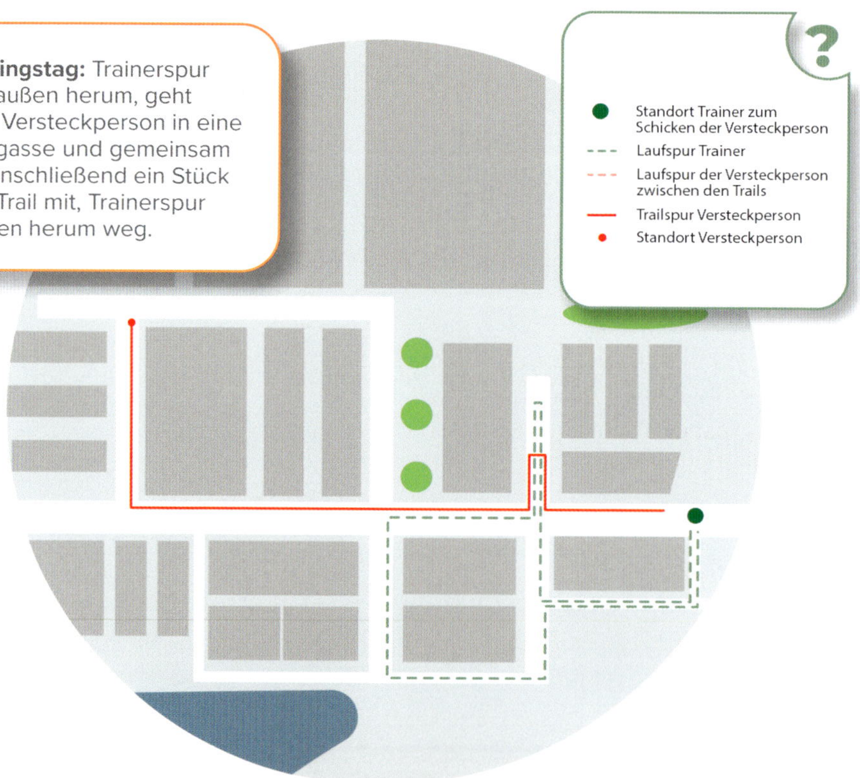

Trainerspur
Der Trainer nutzt jetzt alle Varianten der Trainerspur.

Verleitungen
Wie zuvor.

Gesprächspartner Mensch
Der Hundeführer lernt, langsamer zu gehen, wenn der Hund unsicher ist und wenden möchte. Hierbei wird Wert darauf gelegt, dass die Körperspannung des Menschen dabei nachlässt.

Leinenhandling
Die fünfte Stufe der Leinenarbeit beinhaltet das Arbeiten von Hauseinfahrten.

Gesprächspartner Hund
Der Hund zeigt in der Körpersprache deutlich an, ob er auf dem Trail ist oder ob er diesen verlässt, sodass der Hundeführer darauf reagieren kann.

Zwiegespräch
Wir üben die Übergänge zwischen dem Arbeiten auf dem Trail und dem Verlassen wahrzunehmen und uns gegenseitig sicher auf der Spur zu halten.

Anzeige Versteckperson und Belohnung
Wie zuvor.

Zusätzlich zu den bisherigen Opferbildern kann die Versteckperson nun auch schon mal auf einer Bank liegen oder unter einem Klettergerüst.

Gerne können Familienmitglieder und Freunde anderer Teams als neue und damit fremde Versteckpersonen gewählt werden.

Sechste Etappe: Wir kommen zum Ziel unserer Reise

Lernziel:

- **Große Verleitungen ignorieren,**
- 3–4 Abbieger,
- Kreuzungen,
- Spurlänge bis zu 350 m

31.–40. Trainingstag

Das Ziel liegt vor uns: Wir trailen nun ganz nach unserem Motto »Folge der Freude« bis zu 350 m lange Trails und entscheiden unabhängig von alten Spuren, Verleitungen und sicher in Kreuzungen.

Geruch
Wie zuvor.

Spur-Legetechnik
In dieser Phase trainieren wir in Wohngebieten, die schon etwas frequentierter sind.

Wir üben die ersten kleinen Kreuzungen, die noch immer so gelegt sind, dass der Hund automatisch die richtige Strecke wählen möchte.

Der Trail enthält jetzt 3–4 Abbieger, T- oder Y- sowie normale Kreuzungen. Wir achten mit der Legetechnik darauf, dass der Hund nicht auf die Witterung gezogen wird, sondern auf die Spur.

Mit guten Hunden fangen wir an, die ersten atypischen Abgänge zu üben. Am besten anfangs so, dass bei Überlaufen des Abganges die Straße bald endet.

31. Trainingstag:
Ganz ohne alte Spuren und ohne Trainerspur drunter.

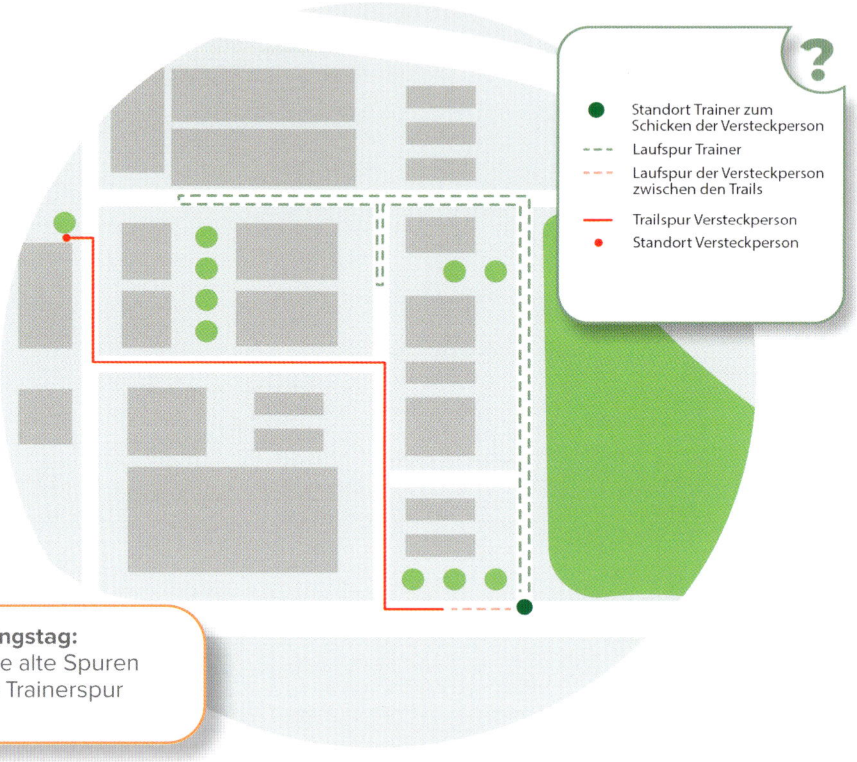

32. Trainingstag:
3–4 Verleitpersonen mit Trainer kreuzen zusammen drunter und sind am Start wieder da.

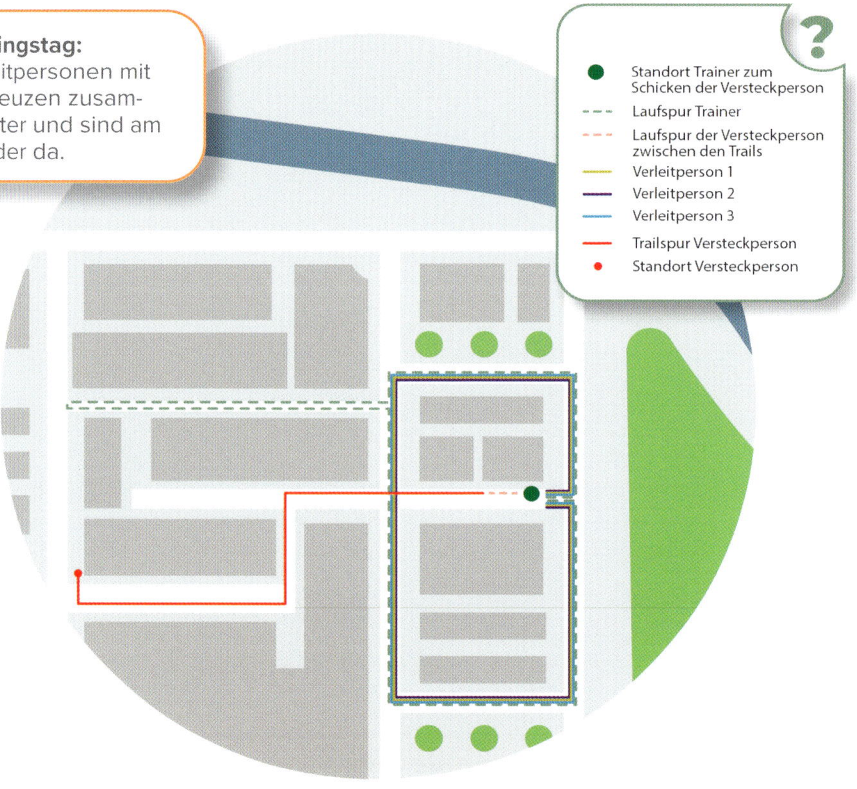

33. Trainingstag:
Alt aus dem Training drunter.
Standort Trainer zum Schicken der Versteckperson
Laufspur Trainer
Laufspur der Versteckperson zwischen den Trails
Altspur
Trailspur Versteckperson
Standort Versteckperson

34. Trainingstag:
Splitting mit Trainerspur plus 3–4 Verleitpersonen, Versteckperson geht etwas später.
Standort Trainer zum Schicken der Versteckperson
Laufspur Trainer
Laufspur der Versteckperson zwischen den Trails
Verleitperson 1
Verleitperson 2
Verleitperson 3
Trailspur Versteckperson
Standort Versteckperson
ACHTUNG! VP läuft später!

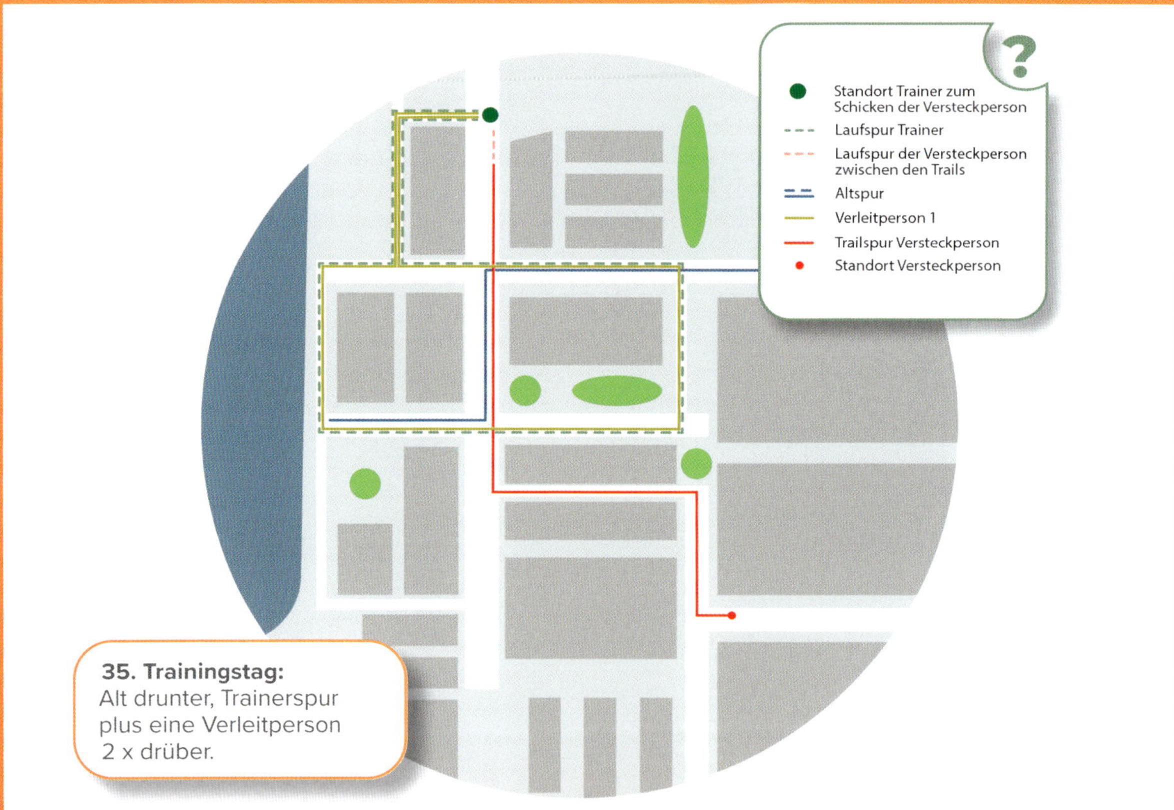

35. Trainingstag:
Alt drunter, Trainerspur plus eine Verleitperson 2 x drüber.

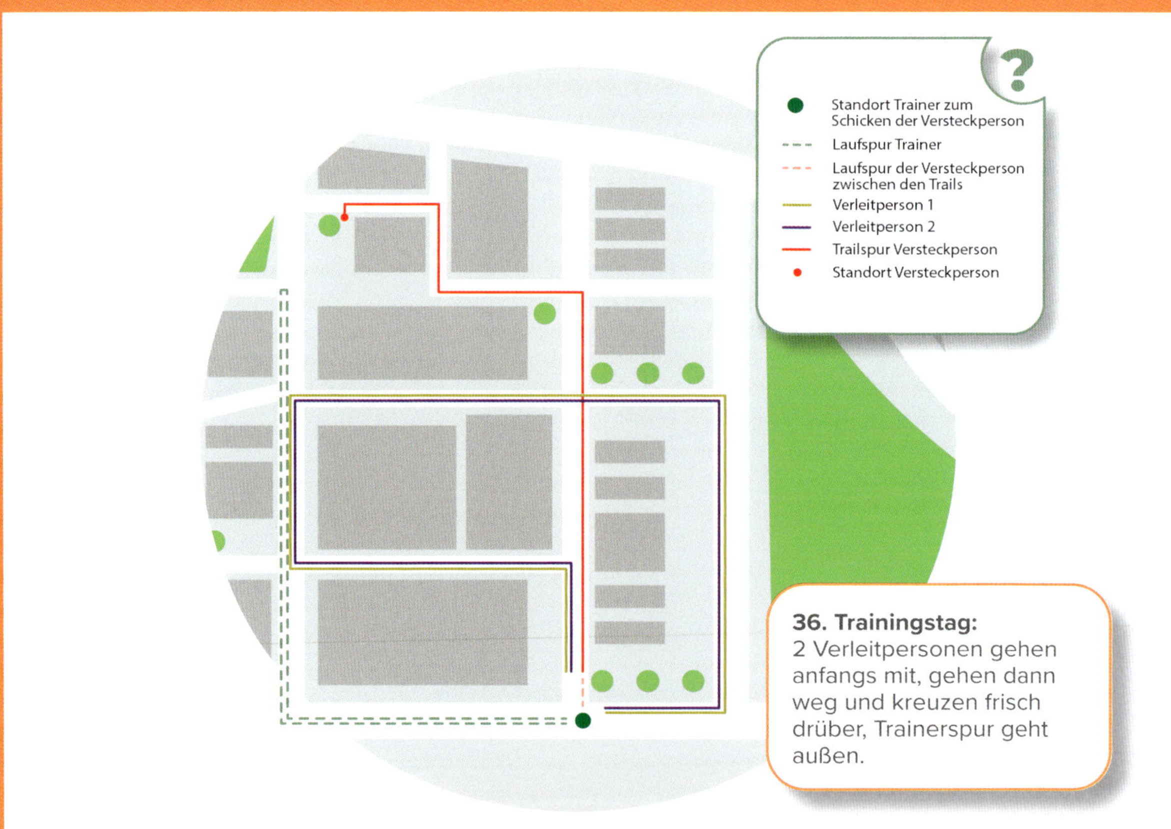

36. Trainingstag:
2 Verleitpersonen gehen anfangs mit, gehen dann weg und kreuzen frisch drüber, Trainerspur geht außen.

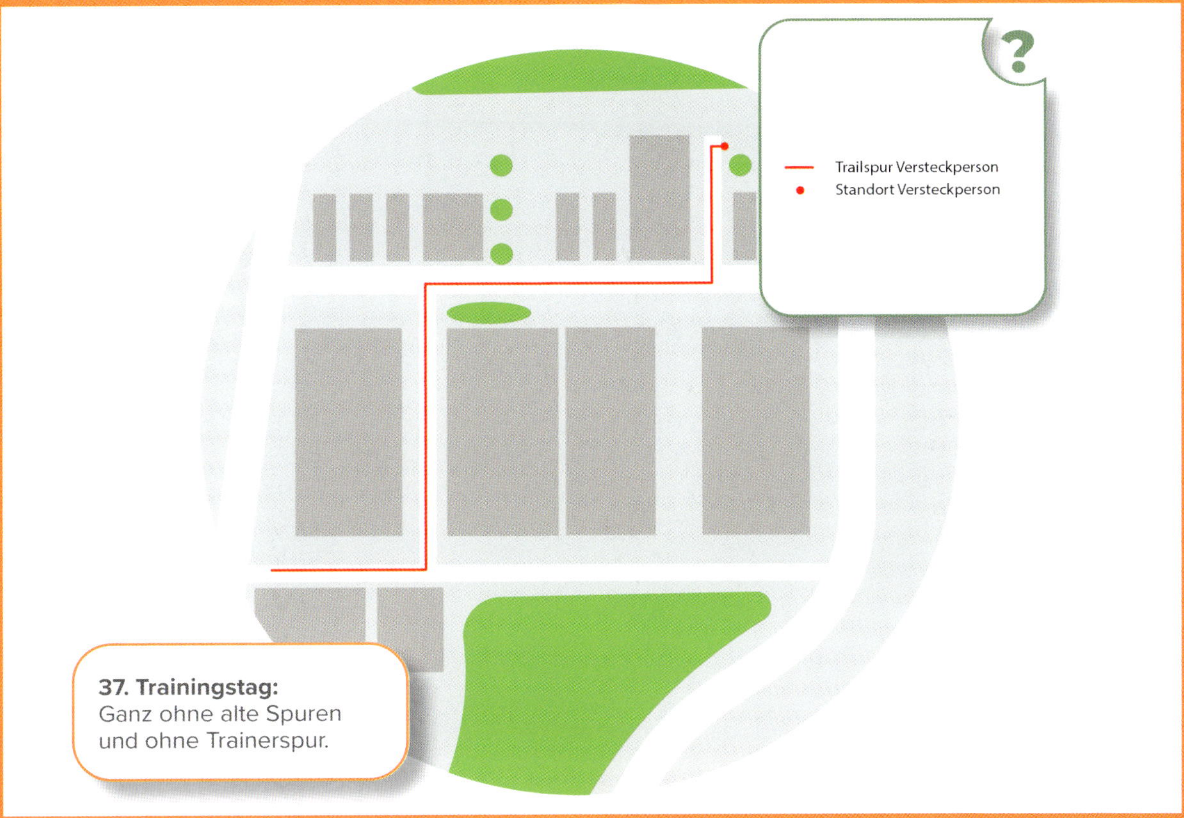

37. Trainingstag:
Ganz ohne alte Spuren und ohne Trainerspur.

38. Trainingstag:
Trainerspur geht anfangs mit, geht eine Sackgasse mit, Trainerspur geht später außen herum weg.

39. Trainingstag:
3 Verleitpersonen mit Trainerspur kreuzen 2 x drüber.

40. Trainingstag:
Alt drunter, Trainerspur geht mit hin und zurück, finden auf alleiniger Spur der Versteckperson.

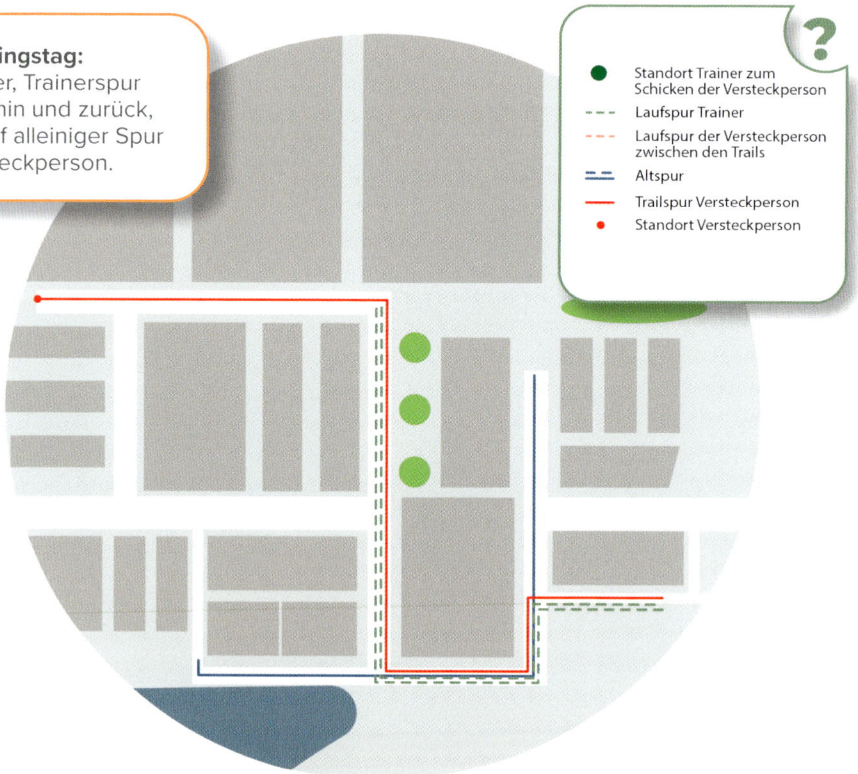

Josef hat ein altes Versteck abgecheckt und startet nun spontan zurück auf die frische Spur. Der Hundeführer ist mit dem Aufnehmen der Leine in diesen Situationen besonders gefordert und hier etwas zu langsam, sodass die Leine auf dem Boden liegt.

Trainerspur
Der Trainer nutzt jetzt alle Varianten der Trainerspur.

Verleitungen
Jetzt kann auch mit Verleitungen geübt werden, die gleichwertig zur Versteckperson sind.

Gesprächspartner Mensch
Der Hundeführer lernt zusätzlich auf den ausschließenden Blick zu reagieren.

Leinenhandling
In der sechsten Phase des Leinenhandlings stehen die kleinen Kreuzungen im Mittelpunkt.

Gesprächspartner Hund
Der Hund hat gelernt, den ausschließenden Blick in Kreuzungen zu zeigen.

Zwiegespräch
Wir können gemeinsam den Trail erarbeiten.

Anzeige Versteckperson und Belohnung
Wie zuvor.

Zusätzlich zu den anderen Auffindesituationen und Opferbildern kann die Versteckperson in einem kleinen Schuppen (Fahrrad- oder Müllhäuschen) stehen, dessen Tür geöffnet ist. Vielleicht liegt das Versteck auch etwas tiefer in einem Gebüsch, sodass der Hund sich den Weg etwas aufwändiger bahnen muss. Wie immer gilt: Je besser der Hund im Zugriff und in der Anzeige ist, desto schwieriger kann dieser Teil Schritt für Schritt gestaltet werden.

Hat der Hund hier noch Probleme, trainieren wir weiter auf dem einfacheren Niveau und tasten uns nur sehr langsam vor.

BEISPIELE

aus dem Trainingsalltag

Wir haben euch in diesem Buch bisher unsere Idee des idealen Weges durch die 1. Dimension beschrieben. Natürlich läuft im Alltag nicht immer alles so glatt wie wir es uns in der Theorie vorstellen. Deshalb wollen wir euch in diesem Kapitel ein paar ungewöhnliche Trainingssituationen aus unserem Trainingsalltag schildern, damit ihr auch einen Eindruck von den »Nebenschauplätze« bekommt und unsere Lösungsansätze hierfür kennenlernt.

Durch Anhalten schneller werden

Eines Tages kam eine erfahrene Trainerin mit ihrem Hund zu mir. Sie trainierte regelmäßig etliche Teams nach einem anderen Trainingsansatz, wobei sie sich von ihren fortgeschrittenen Kunden auch selbst Trails legen ließ. Allerdings hatte sie inzwischen, ihrer Aussage nach, Schwierigkeiten damit bekommen, ihren Hund zu lesen und wünschte sich dabei Unterstützung. Soweit mein Auftrag. Ich legte einen Sichtungstrail von ca. 150 m durch ein sehr ruhiges Wohngebiet, um einen ersten Eindruck zu gewinnen. Direkt fiel mir auf, dass das Startritual für mich nicht stimmig war. Es wirkte insgesamt unharmonisch. Auf dem Trail lief die Hundeführerin mit der Kurzleine und einer Umhängetasche schräg über der Schulter, was sie beides behinderte. Entsprechend unrund war ihr Leinenhandling, und das Team lief nicht als harmonische Einheit: Jeder zerrte an seinem Ende der Leine. Allerdings lief der Hund sehr schön auf der Spur, wenn man der Hundeführerin schnell erklärte, was er gerade über die Spur erzählte, sodass sie ihm entsprechend schnell zuarbeiten konnte und nicht aus dem Trail riss.

Ich legte einen zweiten Trail ca. 350 m durch das Wohngebiet auf der anderen Seite, hier war es schon etwas belebter. Der Hund arbeitete wieder sehr sauber an der Spur, zeigte jedoch deutlich, dass er Probleme mit dem hakeligen Leinenhandling hatte. Er quittierte es mit Schnüffeln und Markieren und wurde dafür gescholten, dass er nicht »privat sein« sollte. Er wurde jeweils relativ ungeduldig aufgefordert weiterzugehen, was ihn wiederum noch unzufriedener machte. Hier lag das eigentliche Problem des Teams in dieser Phase.

Ich gab als Feedback, dass der Hund sauber arbeiten und noch besser laufen würde, wenn er zwischendurch riechen und markieren dürfe. Ich hätte das Vertrauen in den Hund, dass er dies nicht ausufern lassen würde, sondern im Gegenteil als Dank dafür besser mit ihr gemeinsam arbeiten würde.

Nach zwei Wochen kam sie wieder zu mir ins Training. Ich hatte mir vorher ein Gebiet mit einem Trail ausgesucht, auf dem sie über lange Strecken in Ruhe das Leinenhandling üben konnte. Der Trail war 510 m lang, startete im ruhigen Wohngebiet über zwei Kreuzungen und führte in einen längeren Wanderweg ohne seitliche Abbieger. Vor dem Start sagte ich ihr, dass bei uns der Backup die Tasche und die Leine mitführt, sodass die Hundeführer frei arbeiten können. Sie ließ sich hierauf ein, und wir starteten deutlich befreiter, wenngleich noch nicht harmonisch. Der Hund arbeitete wieder schön an der Spur, musste nach der ersten Kreuzung jedoch markieren, um den Stress vom Startritual und dem Handling in der Kreuzung abzuschütteln. Die Hundeführerin sagte wie vereinbart nichts, zog auch nicht an dem Hund und siehe da, er lief sehr schnell ganz allein weiter! Mit jeden 50 Metern wurde er zufriedener und unterließ das Markieren bald ganz. Die Hundeführerin übte nach meinen Anweisungen, im Leinenhandling harmonischer zu werden und kam letztendlich sichtlich glücklich an der

Versteckperson an. Ihre Augen strahlten, und sie war sichtlich zufrieden mit sich und ihrem Hund. Als Feedback bekam sie von mir den Hinweis, dass ich sehr zufrieden war und wir dies nun allmählich immer weiter ins Wohngebiet mit mehr Herausforderungen übertragen würden.

Eine Woche später las ich in einer Nachricht von ihr, dass ihr Backup nun im Training auch anhalten würde, wenn der Hund markieren wolle, und er wäre seitdem so schnell wie nie zuvor.

Ein Tropfen, der immer weitere Wellen zieht. Deshalb ist es uns wichtig, auch fremde Trainer und Teams zu unterrichten. Wir arbeiten inzwischen regelmäßig zusammen und es bringt uns Dreien unendlich viel Freude.

Wenn man noch mal eben schnell …

Anlässlich eines Trainer-Ausbildungswochenendes hatten wir eine Frau mit ihrem einige Monate alten Hund zum Antrailen als Probanden-Team da. Wir hatten eine eifrige Trainee-Gruppe und viel Spaß. Der junge Hund lernte schnell, und wir waren mit unseren Aufgaben überraschend frühzeitig fertig. Beflügelt vom Erfolg und unserer fröhlichen Energie fragte die Frau, ob wir nicht noch eben schnell ihre andere Hündin antrailen würden. In unserer Euphorie waren wir natürlich dazu bereit, und die Trainees legten einen kurzen Trail hierfür. Sie führten das Team gut gelaunt zum Start. Bis hierhin lief der Tag perfekt. Der zweite Hund war jedoch eine etwa neunjährige Sheltie-Hündin, die in ihrem Leben schon viele Agility-Wettbewerbe mit ihrem Frauchen absolviert hatte und entsprechend aufgeregt und übermotiviert an den Start ging. In Ermangelung der erwarteten üblichen Startansage fing sie dort furchtbar an zu kläffen und motzte das Frauchen geradezu an als diese nicht kam. Die Hündin hatte natürlich keine Idee davon, dass sie nun die Nase auf den Boden bringen und den dort liegenden Pulli riechen sollte. Die Unbedarftheit und der Erkundungsgeist der jüngeren Hündin gingen ihr völlig ab. Wir warteten und hofften, doch es war bald klar, dass sie sich nur immer weiter in ihre Erregung hineinsteigern würde. Also leiteten wir die Hundeführerin an, einen entspannten Schritt auf den Geruch zuzugehen und diesen anzusehen und dann langsam weiterzugehen. Irgendwie kam das Team nach drei Metern um die Ecke, aber die Hündin maulte noch an der Versteckperson lautstark, fraß jedoch die Belohnung.

VIDEO

Sicher auf der Spur

Wir brauchten also einen neuen Plan. So leicht und schnell wie gedacht lief das nicht.

Klar zu sehen war, dass die Hündin sauer wurde, wenn Frauchen stehenblieb. Diese musste also vom Angang an direkt in Bewegung bleiben, dabei aber möglichst nicht vorweg gehen, damit der Hund das freie Arbeiten lernte. Eine extrem schwierige Gratwanderung, die von den Trainees wirkliche Höchstleistung verlangte. Zum Glück war die Hündin intelligent, und die Hundeführerin hatte bereits erlebt, wie es richtig laufen sollte. Zusammen gaben alle ihr Bestes, und es wurde zumindest minimal besser. Wir steckten die Hündin zum Nachdenken und Entspannen ins Auto und legten einen dritten

Trail. Diesmal waren wir etwas mutiger und wagten 7–8 m an einer Wand entlang. Die Hündin kam aus dem Auto und es hatte »Klick!« gemacht. Tatsächlich lief sie jetzt fleißig zum Start, über den Geruch hinweg und an der Wand entlang bis hin zur Versteckperson mit der Belohnung. Ihr könnt euch vorstellen, wie erleichtert wir nach diesem Trail waren!

Wenn der Tischler »Material schont«, will der Hund nicht ankommen

Nach einiger Zeit bei einer anderen Trainerin ergab es sich, dass ein Team wieder zu mir ins Training kam. Der früher sehr sichere Hund entschied sich an Kreuzungen in letzter Zeit immer mal wieder für eine andere Richtung als die der Spur. Für mich war dies ein absolutes Rätsel, weil ich diesen Hund als sehr spurverliebt, motiviert und ehrlich erlebt hatte. Der mir zugetragene Erklärungsversuch lautete, die Trails seien ihm zu kurz und er wolle einfach mehr davon haben und deshalb noch nicht so schnell finden. Das ergab für mich keinen Sinn. Man stelle sich einen Wolf vor, der ein Reh jagt und erfreulich schnell in seine Nähe kommt. 20 Meter, bevor er es fängt und damit sein Abendessen gesichert hat, sagt sich der Wolf, dass ihm die Jagd zu schnell ging und er lieber noch einmal falsch abbiegen würde? Unlogisch.

Der Hund lag mir sehr am Herzen, gerade aufgrund seiner früheren »Findemotivation« und ehrlichen Art.

Es musste einen anderen Grund geben und den galt es zu finden.

Wir starteten also mit kürzeren Trails durch ruhige Wohngebiete. Schon hier wurde deutlich, dass beide keine Einheit mehr bildeten, das Team an den beiden Enden der Leine zergelte, jeder dabei versuchte, selbst unfallfrei über den Trail zu kommen und möglichst niemand Unbeteiligten vom Fahrrad zu reißen.

Wir stellten in der Folge einiges um: Wir verkürzten zum Beispiel die Leinenlänge, um das Team sicherer zu machen und suchten ein passenderes Geschirr, um den Stresspegel zu senken. Sogar die Futterbelohnung stellten wir auf eine etwas weniger leckere Variante um und ließen den Hund zwei Stunden vor dem Training noch etwas fressen, damit er etwas entspannter im Training lief.

Die Veränderungen zeigten allmählich Wirkung, und dennoch kam es vor, dass der Hund hin und wieder falsch abbog.

Eines Tages dann, als das Team etwas geordneter lief, sah ich die Erklärung direkt vor mir. Sie war ganz einfach, aber erst einmal musste die Unordnung im Team abgebaut werden, damit ich sie erkennen konnte. Die Antwort lautete: »Er ist Tischler!«

Der Hundeführer war Tischler. Aus meiner Vergangenheit als Zimmerertochter war mir sehr bekannt wie man beim Tragen um Ecken gehen muss. Wenn man zu zweit ein Holzstück trägt, einer vorne und einer hinten, darf dieses Holzstück beim Um-die-Ecke-Gehen nicht an der Hausecke schaben. Deshalb achtet der hintere Träger darauf, etwas weiter nach außen zu schwenken. Dieses Verhalten verfestigt sich über die Jahre und wird zum Automatismus. So auch bei diesem Handwerker: Wählte der Hund an Kreuzungen die Innenkurve und wurde die Leine zu lang, drohte sie aus seiner Perspektive an der Hausecke, dem Pfeiler, Lichtmast oder an Hecken zu scheuern. Der Tischler als hinten laufender Hundeführer schwenkte dann automatisch aus der Kurve heraus in die Kreuzung hinein, um das

Scheuern zu vermeiden. Anders als mit einem Stück Holz und einem etwa gleich schweren Kollegen am vorderen Ende zog die Leine mit dem leichten Hund diesen jedoch aus seiner Laufbahn, der Innenkurve, sodass er automatisch vom rechten Weg weg »geschleudert« und in die andere Richtung bewegt wurde. In den unkoordinierten, schnellen und hakelnden Zeiten hatte der Hund gelernt, in solchen Situationen einfach erstmal weiter zu laufen.

Es war ein wundervoller Tag in meiner Trainertätigkeit! Ich hatte für mich eines dieser ganz großen Rätsel gelöst und meine Hypothese, dass der Hund irgendwie daran gehindert wurde, schnell zu finden, hatte sich bestätigt. Ihr glaubt gar nicht wie ich diesen Moment gefeiert habe!
Als ich den Hundeführer auf sein »Tischler-Gangbild« ansprach meinte er: »Klar. Materialschonend eben.« Und grinste mich an.

Die Lösung bestand darin, dass der Hundeführer künftig vor engen Abbiegern die Leine so weit einkürzen musste, dass beide sauber die Innenkurve laufen konnten, ohne dass die Leine für den Tischler »schmerzlich« an der Ecke scheuerte. Das Problem war damit schnell abgestellt und der Hund gehört heute zu den besten Hunden, die unter Go.Find. laufen.

Auch das Universum schreibt das Buch

Gestern Nachmittag hatte ich mit dem Schreiben des Kapitels »Beispiele aus dem Trainingsalltag« begonnen und dachte abends, das seien nun genug schwierige Team-Beispiele gewesen, jetzt könnten auch ein paar gute folgen. Mir fiel aber spontan nichts Spannendes ein, weil das gute Training zumeist unspektakulär verläuft. Im vollen Vertrauen auf das Universum schickte ich meine Gedanken auf die Suche.

Heute Morgen bekam ich die Lösung via Textnachricht von einer Trainerin: »Situation im Training fürs Buch: Wenn HF vergisst, Hund anzuleinen beim Rausholen aus dem Auto, Hund steht, guckt, Nase an und Hund losläuft zum Geruchsartikel, dann frei trailt mit höchster Motivation und zur VP sprintet – niemals unterbinden (wenn das Gelände sicher ist)! Gestern passiert, 2. Teil Antrailen nach der Autopause. Da kann man nix machen!«

Ich: »Rasse und Alter?«

Sie: »Jung, ca. 5–6 Monate, Labbi-(Schäferhund-was-Kleines)-Unbekannt-Mix. Vorher eher zurückhaltend. HF rief den Hund, ich hab ihr es sofort verboten. War so süß! Video habe ich gedreht, aber zu spät, kein Hund drauf, schon um die Ecke.«

Von mir gab es einen Daumen hoch, und hier steht die Geschichte nun. Danke an das Universum.

VIDEO

Coaching Anfängerteam

Der laute Start ganz leise

Kürzlich war ich zu einem Intensivtraining bei einer Trainerauszubildenden eingeladen.
Eine Hundeführerin aus einem anderen Gebiet war hinzugekommen. Sie hatte zwei Hunde mitgebracht, wobei nur der jüngere Hund trailen sollte. Im Vorbereitungsgespräch stellte sich heraus, dass dieser Hund, Border, vielleicht 8 Jahre alt, schon seit Jahren trailte und eigentlich ziemlich viel konnte.

Die Hundeführerin machte einen netten und fitten Eindruck. Ich sah mich schon fast einen reellen Arbeitstrail legen. Dann aber kam die entscheidende Info irgendwo in einem Nebensatz: »Ach, übrigens, wundere dich nicht, unser Start ist ziemlich ungewöhnlich. Mein Hund bellt die ganze Zeit und kann sich kaum konzentrieren. Wir haben das jetzt so gelöst, dass ich ihn anschreie und eine Schelle auf den Boden werfe, dann geht es, und er kann abriechen.«

Dazu muss man wissen, dass ich extrem empfindlich auf hohe, laute Töne reagiere und Stress zwischen Lebewesen als sehr unangenehm empfinde. Allein die Vorstellung diesem Startritual beizuwohnen, stresste mich enorm. Ich machte somit kurzerhand das Startritual zum Thema dieses Teams und entscheid, keine Sichtung durchzuführen, sondern direkt einen neuen Ansatz zu verfolgen: Der Start musste komplett neu aufgebaut werden.

Ich ließ nur wenige Meter neben dem parkenden Auto der Kundin einen Pullover als Geruchsartikel an einer Wand eines Schulgebäudes ablegen. Der Trail führte an drei Seiten um das Gebäude herum und endete dann auf dem Spielplatz des Schulhofes. Wir vereinbarten, dass der Hund aus dem Auto geholt, angezogen und einfach wortlos zum Geruch geführt werden sollte. Die Hundeführerin folgte ihrem Hund, der einfach ganz leise an den Geruch ging und der anschließenden Spur folgte. Die Hundeführerin war darüber verblüfft und ebenso sprachlos wie ihr leiser Hund.

Am Ende wurde der Hund ganz ruhig belohnt und kam dann zum Überlegen ins Auto. Nach einem weiteren Team legte ich ihm dann einen Start auf der anderen Seite des Autos. Wieder mit einem Pullover als Geruch auf dem Boden. Der Trail führte durch ein Wohngebiet über eine Kreuzung und an einer Straße entlang. Wieder startete der Hund lautlos. Allerdings war nun zu bemerken, dass die Hundeführerin angespannt war und der Hund dies aufnahm.

Beim dritten Trail mussten wir die Hundeführerin überlisten, sonst wäre es schief gegangen. Während der Hund sich im Auto ausruhte und wir mit einem anderen Team arbeiteten, nahmen wir den Geruch einer Teilnehmerin in ein Glas und versteckten sie, ohne dass die Hundeführerin es merkte. Die Traineranwärterin suchte aus ihrem Auto eine Belohnung heraus und versteckte sie in ihrer Jackentasche. Als der Border wieder an der Reihe war, bat ich die Hundeführerin ihre beiden Hunde anzuleinen und auf einen kleinen Spaziergang mitzukommen. 200 m weiter sagte ich, sie solle die ältere Hündin an eine andere Kundin übergeben. Ich hielt ihrem Border den Geruch vor die Nase, und er startete. Nach 200 m bogen wir in einen Park ab, sie leinte ihren Hund ab und wir durchquerten diesen frei trailend auf vielleicht weiteren 200 Metern. Der Hund kam entspannt und zufrieden nach einer Brückenüberquerung bei der Versteckperson an.

Während des spontanen Starts war der Hundeführerin allerdings beim Anblick des Glases das alte Startwort herausgerutscht. Sofort war zu erkennen, wie der Hund reagieren wollte. Allein die ungewohnte Situation und das sofortige Losgehen, zu dem ich die Hundeführerin anleitete, verhinderten, dass der Hund in sein altes Verhalten zurückfiel und zu bellen begann. Es war sehr deutlich zu sehen, dass die Anspannung der Hundeführerin und die Prägung des Hundes, auf das Startwort mit Stress zu reagieren, das Problem darstellten. Nicht der Hund oder der Start selbst beziehungsweise das Trailen waren das Problem. Gerade bei hochaktiven Arbeitshunden ist es wichtig, dass wir besonderen Wert auf eine ruhige Arbeitsweise legen. Motiviert sind sie aus sich heraus, da sie seit Ewigkeiten genau

Ein unsicherer Hund, der aufgrund unseres angepassten Trainings inzwischen große Freude am Trailen hat und sich auch langsam in belebtes Gebiet vorwagt. Zur Entspannung gehen wir zwischendurch jedoch immer wieder auf ruhige Trails.

darauf gezüchtet wurden. Motiviert man sie noch zusätzlich, wird es schnell zu viel. Sie brauchen einen entspannten Start, fließende Trails und eine ruhige Belohnung, gepaart mit einem harmonischen Leinenhandling. Dann können sie ihr ganzen Potential entfalten und werden wundervolle Trailpartner.

Für dieses Team gab ich das Feedback, dass ihr Startwort für immer »verbrannt« sei. Da der Hund den Ablauf kennt, sollten sie vorerst ohne Ansage starten und sich dann eines Tages ein neues, ruhiges Startwort ausdenken.

Wort vor Hand

Wir waren zu einem Trainer-Ausbildungswochenende zusammengekommen und wollten Teams auf dem Niveau zwischen dem 20. und 40. Trainingstag des beispielhaften Trainingsplanes trainieren. Unsere Suchteams hatten zumeist einige Trainingseinheiten mehr absolviert, weil sehr oft das Erlernen des Leinenhandlings länger dauert als die Ausbildung des Hundes, auf die unser Plan ausgerichtet ist.

Am Samstag hatten wir aufgrund des warmen Wetters im Wald trainiert. Eines der Teams bestand aus einer netten Ridgeback-Hündin und ihrer ebenso netten Hundeführerin. Die Hündin fraß aktuell aufgrund ihrer Läufigkeit nichts und war etwas müde. Generell lief sie in letzter Zeit wohl etwas langsamer und absolvierte nebenbei erfolgreich ein Anti-Jagd-Training. Es galt also einen nicht zu schweren, motivierenden Trail zu legen. Der Trail gelang gut, und die Hündin fraß sogar am Ende, was uns alle freute, zeigte es doch, dass die Traineranwärterin sie mit ihrem Trail in eine gute Hormonlage gebracht hatte.

Sie hatte die Hundeführerin auf dem Trail angeregt, die Leine sehr locker zu lassen, damit die Hündin freier laufen konnte. Ich kannte die Traineranwärterin sehr gut, weil sie bei mir trainierte. Ihre Hündin musste tatsächlich sehr frei arbeiten dürfen, und ich fürchtete, sie würde hier ihre eigene Problematik zur Aufgabenstellung dieses Teams machen, was ich natürlich vermeiden wollte. Ich empfahl folglich der Traineranwärterin am nächsten Tag am Leinenhandling des Teams zu arbeiten und zu versuchen, einen besseren Kontakt herzustellen.

Der Trail wurde in einem Wohngebiet gelegt und der Hund gestartet – zumindest der Versuch eines Starts: Ein Jogger und eine Radfahrerin störten auf dem Weg, die Hundeführerin ruckte jeweils an der Leine, um den Hund anzuhalten, und der Hund stand. Nach 50 schleichenden und stockenden Metern war festzustellen, dass kein zusätzlicher Schritt mehr aus dem Hund herauszuholen war. Ich hatte eine Vorstellung davon bekommen, was das Problem sein könnte, und unterbrach das Training kurz, um die Hundeführerin zu fragen, ob sie auf dem Trail gewöhnlich ein Wort zum Anhalten des Hundes nutzte, wenn sie wegen Radfahrern oder an Kreuzungen stoppen musste. Dieses verneinte sie. Damit war die Problematik klar: Zusammen mit der intensiven Arbeit im Anti-Jagd-Training war der Hund extrem gehorsam geworden. Da er nicht gelernt hatte, auf dem Trail ausschließlich durch Worte angehalten zu werden, reagierte er auf Leinenrucks mit Anhalten, selbst wenn sie gar nicht dazu gedacht waren.

Ich gab also den Hinweis, den Hund noch einmal zu starten und die Leine wie am Vortag, jetzt aber sehr konsequent, durchhängen zu lassen. Tatsächlich sahen wir im Anschluss einen Hund, der sich nach und nach aus der hemmenden Energie der Hundeführerin befreite und über den Trail hinweg immer frischer lief, bis wir am Ende einen wunderschön trabenden Rigdeback sicher über Kreuzungen hinweg arbeiten sehen konnten.

Es bleibt festzuhalten, dass unsere Traineranwärterin entgegen aller Theorie und meiner Gedanken ein wunderbares Bauchgefühl für dieses Team gehabt hatte und ohne mein Feedback des ersten Tages wahrscheinlich auch am zweiten Tag einen motivierten Hund gezeigt hätte. So aber wurde die Problematik aufgedeckt.

Für die nachfolgenden Trainings gaben wir der Hundeführerin mit, dass die Trails durch sehr ruhiges Gebiet führen sollten, damit der Hund erst einmal frei arbeiten konnte. Dann sollte irgendwann das Kommando »Halt!« eingeführt werden, und das Anhalten grundsätzlich nur über das Stimmkommando erfolgen und die Leine erst im Anschluss dazu genommen werden, damit der Hund weniger sensibel auf das Leinenhandling reagierte.

Erst dann kann der Leinenkontakt wieder erarbeitet werden, damit langfristig auch ein sicheres Arbeiten in der Innenstadt möglich wird. Denn das Team hat das Potenzial hierfür!

Gerne würden wir hier noch viele weitere Trainingsbeispiele erzählen. Aber wie heißt es so schön: »Man soll aufhören, wenn es am schönsten ist.« Deshalb bleibt uns an dieser Stelle nur noch DANKE zu sagen.

Danksagung

Wir danken allen Teams, die uns ihr Vertrauen schenken und bei uns trainieren. Mit euch gemeinsam erleben wir so Vieles. Ihr lasst uns mit euch lernen und gebt uns neue Aufgaben, in die wir eintauchen können. Ihr macht unser Leben bunt und vielfältig.

Besonders danken wir auch den Teams, die sich für die intensive Überprüfung des beispielhaften Trainingsplans zur Verfügung gestellt haben. Dank euch haben wir die Sicherheit gewonnen, dass unsere Ideen auch in der Praxis umsetzbar sind, und so können wir viele Teams von diesem systematischen Aufbau profitieren lassen.

Wir danken weiterhin den Trainees des Jahres 2021, die uns mit ihren Fragen zu vielen Inhalten dieses Buches inspiriert haben: Nun ist es endlich da, auch wenn es erst nach eurer Prüfung erscheinen wird. Der Dank gilt nun also den neuen Trainern und Trainerinnen. Fühlt euch als Teil dieses Buches. So manche Diskussion im Anschluss an eure Nachfragen hat uns spät abends oder früh am nächsten Morgen an die Tastatur gebracht und schreiben lassen. Euer Forschergeist ist mit unseren Worten in diesem Buch verewigt.

Ganz besonderer Dank gilt auch unseren Hunden, mit denen wir die Abenteuer gemeinsam erleben dürfen. Sie sind auf ewig in unseren Herzen. Wir hoffen, unsere Liebe zu unseren Hunden wurde im Buch spürbar.

Ebenso sei an dieser Stelle den Probelesern gedankt, besonders zu erwähnen sind hier Annette Reese und Tuija Neber.

Wir danken Heiko Junge für die vielen tollen Fotos. Die Vorstellung des fertigen Buches mit diesen wundervollen Fotos war so erstrebenswert, dass wir allein dafür in die Tasten gehauen haben. Heiko, Du schaust den Hunden und Menschen in ihre Herzen und bildest es mit Deinen Fotos ab. Zu wissen, dass wir mit Dir den besten Fotografen an Bord haben, hat uns hinsichtlich des Bildmaterials sehr entlastet.

Dann danken wir Janne Stoick für die vielen liebevollen Skizzen, Heiko Stichmann für die tollen Zeichnungen, auch Tomasz Pankowski und Stina Koch für die schönen Fotos und natürlich unseren Familien für die Geduld und Unterstützung, hier besonders Maic Bleßmann für das große Vertrauen in das Gelingen unserer Idee.

Außerdem danken wir Sigrun Zühlke für das Lektorat mit dem richtigen Fingerspitzengefühl für uns beide und Claudia König vom Verlag Müller Rüschlikon für die Unterstützung und Begeisterung für unser Projekt.

Und ich danke Dir, liebe Susanna, dass Du mir die letzten Jahre eine hervorragende Lehrerin, ein wohlwollender Spiegel und der Aufwind unter meinen Flügeln warst. Ich liebe unsere »Gespräche« via Sprachnachrichten über die intensive Teamarbeit im Mantrailing und das Eintauchen in die schier unendlichen Zusammenhänge – im Mantrailing und auch beim »großen Ganzen«. Es ist Vieles so klar und fassbar geworden, dass daraus die Idee eines Buches geboren wurde und nun dieses Buch selbst. Das erste Abenteuer endet hier. Ich freue mich auf das nächste! Mit Dir ist es leicht und hell. Du trägst Archies Energie in die Welt.

Liebe Christina, ohne Dich würde es dieses Buch nicht geben. Ohne Deine Geduld, Dein stetiges »mich fordern, ohne zu überfordern«, die vielen Gespräche, in denen ein Gedanke dem nächsten folgte, wäre vieles nur ein Gefühl geblieben. Ein Gefühl in meinem Herzen, aber nicht ausgesprochen und damit in der Welt.

Die Idee, ein Buch zu schreiben, war in Dir viel früher aufgetaucht, als in mir. Ich habe Deinen Gedanken zunächst sofort verworfen: Es gibt doch schon so viele Bücher über Mantrailing. Du hast dies akzeptiert und mir die Zeit gelassen, selber zu erkennen, dass es an der Zeit ist, unsere Philosophie in einem Buch zu teilen. Hast mich selber fühlen lassen, wie wertvoll unser Konzept für Mensch und Hund ist. Ab dem Moment brannte das Feuer.

Ich danke Dir für diese Möglichkeit. Ich danke Dir für Dein Warten können und dass Du mir trotzdem immer das Gefühl gegeben hast, dass alles gut ist, wie es ist. Ich weiß nicht, ob ich das gekonnt hätte.

Und ich danke Dir, dass wir Archies Licht weiterleuchten lassen.

Quellenhinweise und Literaturempfehlung

Literatur

Nadine Böttcher/Susanna Simon: **Ausbildungsunterlagen Trainerausbildung GO.FIND.**

Catherine Collin/Tom Jackson/Steve Parker/Ginny Smith//Tamara Collin/Liam Drew/Wendy Horobin/Katie John/Emma Yhnell/Nicola Temple/Susan Watt/Dr. Stephan Matthiesen (Übersetzer): **Das menschliche Gehirn und wie es funktioniert.** DK, München, 2020

Regine Dee/Hanns Hatt: **Niemand riecht so gut wie du: Die geheimen Botschaften der Düfte.** Piper, München, 2009

Regine Dee/Hanns Hatt: **Das Maiglöckchen-Phänomen: Alles über das Riechen und wie es unser Leben bestimmt.** Piper, München, 2008

Dorit Feddersen-Petersen: **Hundepsychologie – Sozialverhalten und Wesen, Emotionen und Individualität.** Kosmos, Stuttgart, 2014

Dorit Feddersen-Petersen: **Ausdrucksverhalten beim Hund – Mimik und Körpersprache, Kommunikation und Verständigung.** Kosmos, Stuttgart, 2008

Matthew Johnstone/Dr. Michael Player: **Kein Stress! Wie Sie Stress und Angstgefühle bewältigen und gelassener werden.** Kunstmann, München, 2019

Katrin Kolbe/Gabriele Lehari: **Rettungshunde-ausbildung Nasenarbeit.** Oertel & Spörer, Reutlingen, 2013

Jan Koolman/Klaus-Heinrich Röhm: **Taschenatlas der Biochemie.** 2. Auflage, Thieme, Stuttgart

Petra Krivy/Udo Gansloßer: **Mein Hund hat Stress.** Müller Rüschlikon, Stuttgart, 2021

Christiane Liebeck: **Mantrailing, Menschenspuren sicher verfolgen.** Cadmos, Brunsbek, 2006

Robert Mehl: **Die Psyche des Hundes: Wie Prozesse im Gehirn das Verhalten steuern.** Kosmos, Stuttgart, 2021

Dr. Mackensen-Friedrichs/Susanna Simon: **Ausbildungsunterlagen Trainerausbildung GO.FIND**

Martina Nagel/Clarissa von Reinhardt: **Stress bei Hunden.** animal learn, Bernau, 2003

Dr. Marie Nitzscher: **Die Persönlichkeit des Hundes: Wie Gene und Umwelt das Wesen bestimmen.** Kosmos, Stuttgart, 2021

Diana A. Peters/Patrick Atamaniuk: **Mantrailing – Wissenschaft und Praxis: mit praktischem Trainingsleitfaden.** Tredition, Hamburg, 2016

Prof. Dr. Frank Rosell: **Die Welt der Gerüche, Spezial-Spürhunde.** Kynos, Nerdlen/Daun, Kynos, 2017

Armin Schweda/Tanja Schweda/Astrid Nestler: **Mantrailing, Finden statt suchen.** Müller Rüschlikon, Stuttgart, 2012

Stefan Silbernagl: **Taschenatlas Physiologie.** Thieme, Stuttgart, 2018

Carl Tabel: **Der Jagdgebrauchshund. Erziehen, Abrichten, Führen.** BLV, München, 2006

Viviane Theby: **Schnüffelstunde: Nasenspiele für Hunde.** Kynos, Mürlenbach, 2003

Gülay Ücüncü: **Der gelassene Hund: Selbstbeherrschung, Impulskontrolle, Frustrationstoleranz.** Kosmos, Stuttgart, 2019

Kristina Ziemer-Falke/Jörg Ziemer: **Life-Dog-Balance: So sind die Bedürfnisse von Mensch und Hund täglich im Gleichgewicht.** GU, München 2020.

Links zu interessanten Beiträgen

Untersuchung des Einflusses der Alterung menschlicher Geruchsspuren auf die Ausarbeitung der Fährten durch Personensuchhunde unter: https://docs.google.com/document/d/12ma59PWKpoPw3ErnXZTSRCjFRLwgyBcS/edit abgerufen am 28.08.2021

Hund-Nase-Mensch: Wie der Geruchssinn unser Leben beeinflusst - Alexandra Horowitz - Google Books unter: https://docs.google.com/document/d/12ma59PWKpoPw3ErnXZTSRCjFRLwgyBcS/edit (abgerufen am 30.07.2021)

Olfaktorische Leistungen unserer Haushunde - wissenschaft.de unter: https://www.wissenschaft.de/umwelt-natur/olfaktorische-leistungen-unserer-haushunde/ (abgerufen am 24.06.2021)

Stressreaktion – Wikipedia unter: https://de.wikipedia.org/wiki/Stressreaktion (abgerufen am 24.06.2021)

HPA-Achse (Hypothalamus-Hypophysen-Nebennierenrinden-Achse) unter: https://www.lecturio.de/magazin/hypothalamus-hypophysen-nebennierenrinden-achse/ (abgerufen am 25.06.2021)

Anatomie: Geruchssinn und Riechkolben unter: https://www.dasgehirn.info/grundlagen/anatomie/der-paleocortex (abgerufen am 14.06.2021)

Glossar | dasGehirn.info - der Kosmos im Kopf unter: https://www.dasgehirn.info/glossar?search_letter=t&item=thalamus-dorsalis (abgerufen am 20.06.2021)

Limbisches System: Funktion & Aufbau - NetDoktor unter: https://www.netdoktor.de/anatomie/gehirn/limbisches-system/ (abgerufen am: 20.06.2021)

Anatomie: Das limbische System des Gehirns unter: https://www.dasgehirn.info/grundlagen/anatomie/das-limbische-system (abgerufen am 20.06.2021)

Der Geruchssinn von Hunden unter: https://tobalie.com/de/magazin/gesundheit-ernaehrung/hunde-die-supernasen (abgerufen am 19.06.2021)

Teckel on Tour: Die Hundenase unter: http://www.teckel-on-tour.de/hundenase.htm (abgerufen am 21.06.2021)

Tausendfache Geruchsfänger - Universität Heidelberg unter: https://www.uni-heidelberg.de/presse/ruca/ruca08-2/tau.html (abgerufen am 11.08.2021)

Kann der Hund wirklich besser riechen als der Mensch? | dasGehirn.info - der Kosmos im Kopf unter: https://www.dasgehirn.info/aktuell/frage-an-das-gehirn/kann-der-hund-wirklich-besser-riechen-als-der-mensch (abgerufen am 11.08.2021)

Wie gut können Hunde Duftstoffe unterscheiden? - HUNDEPROFIL unter: https://hundeprofil.de/wie-gut-koennen-hunde-duftstoffe-unterscheiden/ (abgerufen am 11.08.2021)

Der richtige Riecher: Geruchssinn beim Hund unter: https://einfachtierisch.de/hunde/hundehaltung/der-richtige-riecher-geruchssinn-beim-hund-91807 (abgerufen am 11.08.2021)

So funktioniert der Geschmackssinn eines Hundes unter: https://hundefutter-ratgeber.info/geschmackssinn-hund/ (abgerufen am 11.08.2021)

Der Geschmackssinn des Hundes unter: https://www.bellfor.info/der-geschmackssinn-des-hundes?experiment_test=variant_1 (abgerufen am 11.08.2021)

Nervus trigeminus (Veterinärmedizin) - DocCheck Flexikon unter: https://flexikon.doccheck.com/de/Nervus_trigeminus_(Veterin%C3%A4rmedizin) (abgerufen am 11.08.2021)

Feine Nase: Menschen können Gerüche orten - DER SPIEGEL unter: https://www.spiegel.de/wissenschaft/mensch/feine-nase-menschen-koennen-gerueche-orten-a-372302.html (abgerufen am 11.08.2021)

Weitere Quellen, die uns inspiriert haben und auf die wir uns im Buch beziehen, findet ihr hier:

http://mein.mueller-rueschlikon.de/42374